杨文领　潘统欣　著

建筑工程绿色监理

Green Supervision of
Construction Project

ZHEJIANG UNIVERSITY PRESS
浙江大学出版社

图书在版编目（CIP）数据

建筑工程绿色监理／杨文领,潘统欣著. —杭州：
浙江大学出版社，2017.6
ISBN 978-7-308-17018-5

Ⅰ.①建… Ⅱ.①杨…②潘… Ⅲ.①生态建筑－建
筑工程－监理工作 Ⅳ.①TU712.2

中国版本图书馆 CIP 数据核字（2017）第 119588 号

建筑工程绿色监理

杨文领　潘统欣　著

责任编辑	王元新	
责任校对	陈静毅　沈炜玲	
封面设计	续设计	
出版发行	浙江大学出版社	
	（杭州市天目山路 148 号　邮政编码 310007）	
	（网址：http://www.zjupress.com）	
排　　版	杭州中大图文设计有限公司	
印　　刷	浙江省良渚印刷厂	
开　　本	710mm×1000mm　1/16	
印　　张	11	
字　　数	207 千	
版 印 次	2017 年 6 月第 1 版　2017 年 6 月第 1 次印刷	
书　　号	ISBN 978-7-308-17018-5	
定　　价	37.00 元	

前　言

　　工程建设行业作为我国国民经济的支柱产业之一,在我国的经济建设中发挥着重要的作用。随着新型城市化战略的不断推进,国家对基础设施建设的投入不断加大,建筑业得到了空前的发展和繁荣。但是,工程建设行业在有效促进经济和社会发展的同时,也带来了巨大的能源消耗和环境污染,一方面消耗大量的水泥、钢材、木材等各种资源,另一方面产生大量的扬尘、噪声、废水和固体废弃物等污染,在给整个城市带来巨大改变的同时,也造成了负面的环境影响。因此,需要我们以"创新、协调、绿色、开放、共享"五大发展理念,推动工程建设行业的转型提质发展,建设资源集约型和环境友好型社会。

　　近年来,我国从建筑的全寿命周期入手,先后启动了建筑节能、绿色建筑等颇具影响力的战略行动。国务院办公厅于 2013 年 1 月 1 日转发了国家发改委和建设部的《绿色建筑行动方案》,之后全国各省、自治区、直辖市相继发布了地方绿色建筑行动实施方案,制定了绿色建筑发展目标和任务。2014 年 3 月,中共中央、国务院印发的《国家新型城镇化规划(2014－2020 年)》进一步提出了我国发展绿色建筑的中期目标。尤其是,江苏省于 2015 年 7 月 1 日开始实施《江苏省绿色建筑发展条例》,浙江省于 2016 年 5 月 1 日开始实施《浙江省绿色建筑条例》,均要求所有新建民用建筑,应当按照一星级以上绿色建筑强制性标准进行建设。我国绿色建筑已经由重点示范向全面推进、整体提升阶段发展。

　　1988 年,我国开创工程建设监理制,完善了我国建筑市场机制,推动了工程建设组织实施方式的社会化、专业化发展,为工程质量安全提供了重要保障。随着我国社会经济的转型发展,尤其是面对工程建设领域提质发展的要求,工程监理行业的发展也迎来了新形势和新局面,面临着更大的机遇与挑战。推动实施建筑工程绿色监理,是适应目前工程建设领域"绿色"发展的重要抓手,也是对传统工程监理行业的内涵提升和补充完善。如前所述,浙江、江苏两省均在颁布实施的绿色建筑条例中要求实施"绿色监理"。

建筑工程如何实施"绿色监理",目前还处于探讨阶段。本书依托工程建设监理的现有机制,重点围绕"四节一环保",坚持与工程监理既"相对独立"又"有机统一",初步构建了建筑工程"绿色监理"的整体框架,分析了绿色监理的组织机构体系和技术方法体系,并结合绿色建筑评价标准和建筑工程绿色施工规范对建筑工程实施绿色监理实务进行了探讨。

希望本书能对推动建筑工程实施绿色监理有所帮助。由于作者水平有限,文中定有不妥之处,敬请赐教。

目　录

第1章　推动绿色建筑发展需要绿色监理

第1节　绿色建筑的背景与内涵

1.1.1　绿色建筑的背景

1. 资源、环境危机的出现

始于18世纪中叶的工业革命出现了以蒸汽、电力等为动力的先进生产工具,极大地提高了劳动效率和生产力水平。采用化石能源(煤炭、石油、天然气等)作为主要动力源,改变了传统的能源结构;通过资本、技术、人力生产资料的高度聚集组织大规模的社会化大生产,推动社会变革和新的资本主义生产关系的形成。进入20世纪,经济增长、科学技术的迅猛发展、城市化水平不断提高、经济与技术全球化将人类社会文明推向一个崭新的阶段。

1972年,罗马俱乐部发表《增长的极限》研究报告,对20世纪60年代迷信科技与经济成长的人类文明提出了严重警告,1973年随即发生了惊天动地的第一次石油危机,《增长的极限》与两次能源危机所带来的冲击,使人类逐渐意识到,在改造自然、增强自然、利用自然资源的同时,人类赖以生存和发展的自然环境却在遭到破坏,这唤起了人们广泛的环保意识。1980年以后,当时全球一片环境公害之声,温室效应、臭氧层空洞、酸雨、空气和水环境污染、河川湖泊死亡、热带雨林破坏等,触目惊心的环保新闻不绝于耳,生态环境的理念更进一步地扩大至地球环保的尺度。

2. 建筑消耗大量资源能源

统计资料显示,一个国家的建筑运行能耗一般约占能耗总量的20%～40%;如果加上建筑材料的生产运输以及建筑建造和拆除过程能耗,该比例会上升至约50%。在英国,建筑能耗约占全部能源消耗的50%,其中大部分(约为 60％)为住宅建筑。在美国,建筑能耗占全国商业总能耗的比例由 1978 年的 10％上升到 20 世纪 90 年代中期的 27％。其中,建筑运行的采暖空调能耗是建筑能耗的主要部分,约占 65％。

据欧盟能源研究机构的统计,大约 3/4 的能量消耗以及大约相同级别的碳化合物排放来自交通和建筑,其中大约 1/2 的能量用于建筑的供热、制冷、采光和通风等设备的运作;造成温室效应和臭氧层破坏的气体中,有约 50％的氟利昂产生自建筑物中的空调机、制冷系统、灭火系统以及一些绝热材料等;约 50％的矿物燃料(煤、石油、天然气)的消耗与建筑运行有关,因此,约有 50％的二氧化碳(相当于 1/4 温室气体)排放来自于建筑相关的活动。

3."可持续发展"理念的提出

1980 年,世界自然保护联盟(IUCN)首次提出"可持续发展"(Sustainable Development)的口号,呼吁全球重视地球环境危机。1987 年,世界环境与发展委员会(WCED)发表了《我们共同的未来》(*Our Common Future*)报告,提出人类可持续发展策略,获得全球的共鸣。1992 年 6 月于巴西里约热内卢召开了划时代性的"地球高峰会议",史无前例地聚集了 178 个国家的政府代表以及 118 位国家元首和政府首脑,共同商讨挽救地球环境危机的对策,签署了《联合国气候变化框架公约》《生物多样性公约》,同时发表了《里约环境与发展宣言》《21 世纪议程》等重要宣示。继此,1993 年联合国成立了"可持续发展委员会"(UNCSD),积极展开全面性的地球环保运动。1998 年的《联合国气候变化框架公约》第三次缔约方会议(京都会议),正式制定了发达国家二氧化碳排放减量的目标,显示了地球环保的问题已成为超国境、超政体的国际要务,同时也显示"可持续发展"已成为人类最重要的课题。

4."绿色建筑"的出现与发展

1970 年之前,建筑现代主义盛行,建筑朝着全面机械化、设备化的模式发展,例如全天候的中央空调、全玻璃的建筑外观、24 小时供应的热水系统、夜不熄灯的全面人工照明等设计充斥全世界。1964 年发布的《未来主义建筑宣言》更是鼓励人类建立最浪费的都市形式。

20 世纪 70 年代的能源危机使得建筑界意识到"节能设计"的重要性,更是带动了建设"生态建筑"(Ecological Architecture)的浪潮。1993 年,第十八次国际建筑师协会会议发表了《芝加哥宣言》,以"处于十字路口的建筑——建设可持续的未来"为主题,号召全世界的建筑师以环境的可持续发展为职责,树起了"绿色建筑"的旗帜。1996 年 6 月,联合国在伊斯坦布尔召开的第二次世界"人居环境会议"中,签署了《人居环境议程》(Habitat Agenda),呼吁全世界针对当今的城市危机研商对策。

进入 21 世纪,绿色建筑在理论方法构建、综合技术系统研发与应用、示范项目设计与建设实践、评价体系与评估标准建立、国家和地方的激励与约束法规和政策制定、相关机构的宣传推广与培训教育等各方面都逐渐走向成熟与完善,形成了具有综合性、系统性、多学科交叉等特征的绿色建筑系统架构。

1.1.2　绿色建筑的内涵

1. 绿色建筑的概念

面对当今世界资源短缺和环境恶化的巨大挑战,绿色建筑已经成为建筑领域可持续发展的必然趋势。如何理解"绿色建筑"？目前在国内得到专业学术领域和政府、公众各个层面普遍认同的"绿色建筑"概念,是由建设部于 2006 年发布的《绿色建筑评价标准》(GB/T 50378—2006)给出的定义:绿色建筑是指在建筑的全寿命周期内,最大限度地节约资源(节能、节地、节水、节材)、保护环境、减少污染,为人们提供健康、适用和高效的使用空间,与自然和谐共生的建筑。绿色建筑的理念如图 1-1 所示。

图 1-1　绿色建筑的理念

对于该定义,可以从以下方面来理解:

(1)绿色建筑应体现在建筑全寿命周期范围内的各个时段,包括规划设计、建材与建筑部品的生产加工与运输、建筑施工安装、建筑运营直至建筑寿命终结后的处置和再利用。

(2)绿色建筑应该是节约资源和能源的建筑。

(3)绿色建筑应该是环境友好的建筑。

(4)绿色建筑应该是与自然和谐共生的建筑。

(5)绿色建筑作为为人服务的生活生产设施应该是充分考虑人的健康、使用需求的建筑。

2013 年 1 月 1 日,国务院办公厅以国办发〔2013〕1 号文转发国家发改委、住房和城乡建设部制定的《绿色建筑行动方案》中,对绿色建筑的定义,与此相同。

维基百科对"绿色建筑"这一词条的描述为:"实现提高建筑物所使用资源(能量、水及材料)的效率,同时降低建筑对人体与环境的影响,从而更好地选址、设计、建设、操作、维修及拆除,为整个完整的建筑生命周期服务。"这与我们对绿色建筑的解释本质上是一致的。

绿色建筑所体现的是建筑物的综合性能品质,这种综合性能品质指的是在建筑物的建造、使用、翻修、改建、拆除全寿命过程中的每一阶段都能尽量减少资源和能源的消耗,减少废弃物的排放,减少对环境的污染,并能为人类提供一个健康、安全、适度、舒适的使用空间。

我们可以分别从哲学角度和技术角度来正确理解绿色建筑的特点。

从哲学角度来看:①绿色建筑在正确处理人与自然的关系方面,从唯物辩证的自然观出发,强调人与自然的有机统一,人类是自然的一部分,主张尊重自然,主张人与自然和谐共生。②在价值观方面,绿色建筑价值观认为自然界是一切价值的源泉,强调地球生态系统的外在价值、内在价值和系统价值。③绿色建筑以可持续发展为目标,表现出一种全新的建筑文化意识和改善生态环境、提高环境质量的强烈的道德责任意识,确定了人对自然、对后代、对社会的三重责任。

从技术角度来看:①绿色建筑更加注重合理地利用自然,在建筑的内部与外部采取有效连通的方式,对气候变化进行自适应调整,使包括空气质量、温度、湿度、自然采光、隔音等在内的室内环境质量大大提高。②绿色建筑强调使用本地材料、采用与本地经济水平相适应的技术,使建筑随着气候、资源和地域文化而呈现出不同的风貌。③绿色建筑是一种全面资源节约型的建筑,它最大限度地减少了不可再生资源如土地、水、能源和建筑材料的消耗并产生最小的直接环境负荷。④绿色建筑因可再生能源的大量使用而使能耗大大下降,通过科学合理地利用风能、太阳能、地热能、沼气等可再生能源,使"零能耗""零排放"建筑的建造成为可能。⑤绿色建筑不但关注建造的经济成本,同时也关注建筑带来的生态成本和社会成本。绿色建筑的建造成本虽然相对普通建筑要高,但由于其有效改善了建筑室内外环境,从而提高了人们的生存质量,节约了运行成本和社会成本,同时还保护了自然环境,并促进了社会的可持续发展。

因此,推动绿色建筑发展,要重点关注以下四个方面:

(1)系统要集成化。建筑是由不同的材料、不同的房型、不同的部件、不同的使用功能组合起来的有机整体。整体组合程度越高,功能就越好,而不应简单地以追求局部利益或局部功能来代替整体功能。

(2)把简单适用的技术用于绿色建筑中。绿色建筑的难点在于把先进适用技术在建筑中用好,即把简单实用的技术运用到建筑中。这符合技术发展规律——继承和扬弃,而不是简单的替代。扬弃的含义是淘汰不合理的、落后的,保留合理的。在推广新技术、开发绿色建筑的过程中均应该注意这个问题。

(3)建筑材料要本地化。就地取材如果解决不了或者满足不了需要,少量的进口是可以的,但立足点应该放在本地。

(4)使用功能要适宜居住。不论是尺度还是功能,都要适宜于人。

2. 与绿色建筑类似的概念

与绿色建筑类似的概念,诸如可持续建筑(Sustainable Architecture)、生态建筑(Ecological Architecture)、节能建筑(Energy-saving Architecture)、生物气候建筑(Bioclimatic Architecture)等都曾有针对特定概念展开的相关研究。

(1)可持续建筑

可持续建筑的理念就是追求降低环境负荷,与环境相结合,且有利于居住者健康。其目的在于减少能耗、节约用水、减少污染、保护环境、保护生态、保护健康、提高生产力、有利于子孙后代。实现可持续建筑,必须反映出不同区域的状态和重点,以及需要根据不同区域的特点建立不同的模型去执行,强调的是可持续性。

(2)生态建筑

20 世纪 60 年代,美籍意大利建筑师保罗·索瑞纳把生态学(ecology)和建筑学(architecture)两个单词合并为"arology",首次提出了"生态建筑"的概念,被人们认为是绿色建筑理论史的发端。

基于生态学原理规划、建设和管理的群体和单体建筑及周边的环境体系,其设计、建造、维护与管理必须以强化内外生态服务功能为宗旨,达到经济、自然和人文三大生态目标,实现生态健康的净化、绿化、美化、活化、文化"五化"需求。生态建筑强调的是与自然环境相融合,在整个生命周期中对地球资源和环境负荷较小,且能给居住者提供健康舒适的居住环境的建筑物。生态建筑的设计要求是节能、环保、可循环,同时体现生态学中的竞争、与环境共生以及再生和自生原理,要求资源得到高效利用,人与环境高度和谐。将建筑看成一个生态系统,通过组织建筑内外空间中的各种物态因素,使物质、能源在建筑生态系统内部有秩序地循环转换,获得一种高效、低耗、无废、无污、生态平衡的建筑环境。

(3)节能建筑

设计和建造中采用节能型结构、材料、器具和产品的建筑物,主要要求在此类建筑物中部分或全部利用可再生能源。节能建筑要遵循气候设计和节能的基本方法,对建筑规划分区、群体和单体、建筑朝向、间距、太阳辐射、风向以及外部空间环境进行研究后,设计出低能耗建筑,其主要指标有:建筑规划和平面布局要有利于自然通风、绿化率不低于 35%、建筑间距应保证每户至少有一个居住空间在大寒日能获得满窗日照 2 小时等。可以看出,节能建筑必须达到或超过节能设计标准要求的建筑,看重满足建筑物能耗指标的要求。

(4)生物气候建筑

建筑领域的生物气候研究集中于气候与人的关系,探讨人如何适应气候的变化规律,满足自身的环境需求。在这里,建筑作为活动开展的空间载体和第三层"衣服",成为人适应气候最重要的手段之一。生物气候设计以太阳和风等自然要素作为基本能量来源,通过布局、朝向、空间、材料等建筑设计要素的合理安排,最大限度地实现室内温、湿度的"自然调节",不足部分,再以机械手段予以补充。

与绿色建筑相近的概念中,可持续建筑力求通过建筑对资源和能源的节约使用、高效利用、再生和循环利用,降低环境影响。生态建筑强调建构人、建筑、自然环境之间和谐共生的关系,通过对建筑运行的调控实现维系生态平衡、保护生态安全的目的。节能建筑注重减低建筑能耗。生物气候建筑偏重于对地域气候环境的弹性应变。低碳建筑则重点关注降低建筑全生命周期的碳排放量。虽然在研究切入点上存在差异,但是其基本内涵在实质上是相通的,都是在保证使用者健康、舒适需求前提下,力求通过一定的技术手段,实现节约资源和能源、保护环境、减少污染的目的。

第 2 节　我国绿色建筑的发展现状

1. 2. 1　我国绿色建筑的发展历程

自 1992 年巴西里约热内卢"联合国环境与发展大会"以来,中国政府开始大力推动绿色建筑发展,颁布了若干相关纲要、导则和法规。建设部初步建立起以节能 50% 为目标的建筑节能设计标准体系,制定了包括国家和地方的建筑节能专项规划和相关政策法规,初步形成了建筑节能的技术支撑体系。

2004 年,建设部设立"全国绿色建筑创新奖";8 月 27 日,颁发了《全国绿色建筑创新奖管理办法》;10 月 18 日,发布了《全国绿色建筑创新奖实施细则(试行)》;11 月 9 日,又发布了《全国绿色建筑创新奖评审要点》。2005 年 3 月 2 日,建设部与美国标准集团在北京签订《全国绿色建筑创新奖合作备忘录》；3 月 29 日，首届"全国绿色建筑创新奖"颁奖仪式在"首届国际智能与绿色建筑技术研讨会"闭幕式上隆重举行。"全国绿色建筑创新奖"的设立使绿色建筑开始渐渐进入人们的视野，也标志着我国绿色建筑进入了全面发展阶段。

2006 年，《绿色建筑评价标准》(GB/T 50378—2006)颁布，是我国第一部绿色建筑综合评价标准，明确了绿色建筑的定义、评价指标和评价方法，确立了我国以"四节一环保"为核心内容的绿色建筑发展理念和评价体系，有效指导了我国绿色建筑实践工作。

2007 年 7 月 27 日，建设部决定在"十一五"期间启动"100 项绿色建筑示范工程与 100 项低能耗建筑示范工程"(简称"双百工程")的建设工作。通过"双百工程"的建设，形成一批以科技为先导、节能减排为重点，功能完善、特色鲜明、具有辐射带动作用的绿色建筑示范工程和低能耗建筑示范工程。

2007 年 8 月 21 日，《绿色建筑评价技术细则(试行)》和《绿色建筑评价标识管理办法》出台，适合我国国情的绿色建筑评价体系逐步得到完善。

2008 年 7 月 23 日，《民用建筑节能条例》经国务院第 18 次常务会议通过，自 2008 年 10 月 1 日起施行。同时，全国首批(10 个)绿色建筑评价标识项目诞生，这是绿色建筑第一次在中国大地展现出它的生命力。

2009 年 3 月 23 日，财政部、住房城乡建设部联合出台了《关于加快推进太阳能光电建筑应用的实施意见》。

2009 年 7 月 6 日，财政部、住房城乡建设部联合出台了《加快推进农村地区可再生能源建筑应用的实施方案》《可再生能源建筑应用城市示范实施方案》。

2010 年 6 月 21 日，深圳市建筑科学研究院办公大楼绿色建筑示范工程顺利通过专家验收，这是全国首个通过验收的绿色建筑和低能耗建筑"双百示范工程"。

2012 年 4 月 27 日，财政部、住房城乡建设部联合出台了《关于加快推动我国绿色建筑发展的实施意见》(财建〔2012〕167 号)，明确目标："到 2020 年，绿色建筑占新建建筑比重超过 30％，到 2014 年政府投资的公益性建筑和直辖市、计划单列市及省会城市的保障性住房全面执行绿色建筑标准，力争到 2015 年，新增绿色建筑面积 10 亿平方米以上。"

2012 年 4 月 1 日，住房城乡建设部、财政部联合出台了《关于推进夏热冬冷地区既有居住建筑节能改造的实施意见》，明确目标："'十二五'期间，夏热冬冷地区力争完成既有居住建筑节能改造面积 5000 万平方米以上。"

2013 年 1 月 1 日，国务院办公厅以国办发〔2013〕1 号文转发国家发改委、住房城乡建设部制定的《绿色建筑行动方案》，要求"城镇新建建筑严格落实强制性节能标准,'十二五'期间,完成新建绿色建筑 10 亿平方米;到 2015 年末,20%的城镇新建建筑达到绿色建筑标准要求。"

2013 年 4 月 3 日,住房城乡建设部印发了《"十二五"绿色建筑和绿色生态城区发展规划》,以推动绿色生态城区和绿色建筑发展。该规划提出:"'十二五'期间,将新建绿色建筑 10 亿平方米,完成 100 个绿色生态城区示范建设;从 2014 年起,政府投资项目要全面执行绿色建筑标准;从 2015 年起,直辖市及东部沿海省市城镇的新建房产地产项目力争 50%以上达到绿色建筑标准。"

2014 年,在总结了《绿色建筑评价标准》(GB/T 50378—2006)的实施情况和实践经验的基础上,又参考国外有关评价体系及标准的现状及发展趋势,对标准进行了修订,形成了《绿色建筑评价标准》(GB/T 50378—2014),于 2015 年 1 月 1 日起实施。

2015 年 8 月 31 日,工业和信息化部、住房城乡建设部联合出台了《促进绿色建材生产和应用行动方案》,明确要求:"新建建筑中绿色建材应用比例达到 30%,绿色建筑应用比例达到 50%,试点示范工程应用比例达到 70%,既有建筑改造应用比例提高到 80%。"

1.2.2　我国绿色建筑的发展现状

1. 我国建筑节能的"双跨越"发展

我国的建筑节能工作,在建筑类型上,由居住建筑到公共建筑再到工业建筑,由新建建筑到既有建筑;在地域上,由北方采暖区到中部夏热冬冷区再到南方夏热冬暖区,由几个大城市到一般城镇再到广大农村。

我国在建筑节能的发展上采用了"双跨越"模式。一是建筑节能标准实现跨越。在基于 20 世纪 80 年代初水平的节能目标上,由采暖居住建筑节能 30%到民用建筑节能 50%,再到目前的节能 65%,部分地区还进一步提高至节能 75%,取得了令世界同行瞩目的成就。如图 1-2 所示。二是建筑发展模式实现跨越。即从一般的节能建筑直接走向绿色建筑,使建筑的人文关怀和生态环境保护能够统一起来,最终实现绿色发展。如图 1-3 所示为上海居住建筑节能目标要求。

2. 我国绿色建筑的发展情况

我国绿色建筑发展规模始终保持大幅增长态势,截至 2015 年 12 月 31 日,全国共评出 4071 项绿色建筑评价标识项目,总建筑面积达到 4.72 亿平方米。2008—2015 年绿色建筑评价标识项目历年数量如图 1-4 所示。

其中,设计标识项目 3859 项,建筑面积为 4.44 亿平方米;运行标识项目

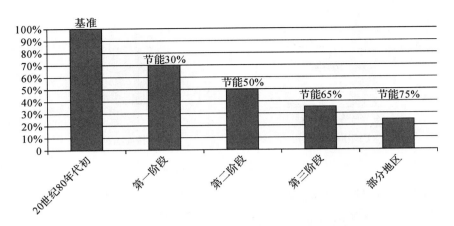

图 1-2 我国建筑节能标准的跨越式发展

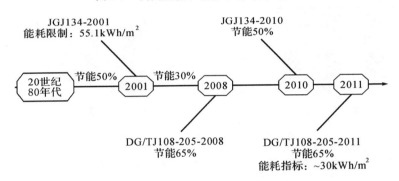

图 1-3 上海居住建筑节能目标要求

图 1-4 全国星级绿色建筑项目数(截至 2015 年 12 月 31 日)

212 项,建筑面积为 0.28 亿平方米。如图 1-5 所示。

4071 项绿色建筑标识项目中一星级 1657 项,建筑面积为 2.10 亿平方米;

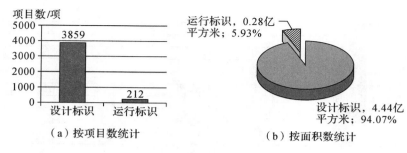

（a）按项目数统计　　　　　　　（b）按面积数统计

图 1-5　绿色建筑标识项目总体情况统计

二星级 1661 项,建筑面积为 1.93 亿平方米;三星级 753 项,建筑面积为 0.69 亿平方米。如图 1-6 所示。

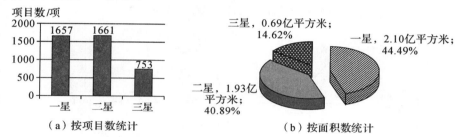

（a）按项目数统计　　　　　　　（b）按面积数统计

图 1-6　绿色建筑标识星级分布统计

4071 项绿色建筑标识项目中,居住建筑共计 1938 项,建筑面积为 2.92 亿平方米;公共建筑 2095 项,建筑面积为 1.73 亿平方米;工业建筑为 38 项,建筑面积为 0.07 亿平方米。如图 1-7 所示。

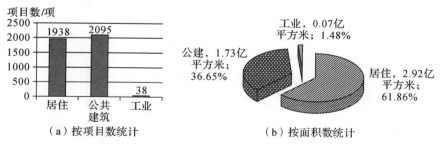

（a）按项目数统计　　　　　　　（b）按面积数统计

图 1-7　绿色建筑标识项目类型分布

4071 项绿色建筑标识项目中,严寒地区共计 219 项,建筑面积 0.30 亿平方米;寒冷地区 1243 项,建筑面积 1.51 亿平方米;夏热冬冷地区 1910 项,建筑面积 2.13 亿平方米;夏热冬暖地区 660 项,建筑面积 0.72 亿平方米;温和地区 39 项,建筑面积 0.06 亿平方米。如图 1-8 所示。

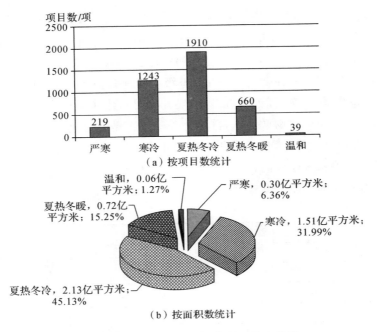

（a）按项目数统计

（b）按面积数统计

图 1-8　绿色建筑标识项目气候区分布统计

　　4071 项绿色建筑标识项目按地域分布,由于经济发展水平、气候条件等因素存在差距,所以江苏、广东、上海、山东等省市绿色建筑标识项目数量较多。如图 1-9 所示。

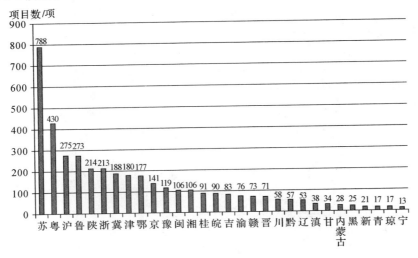

图 1-9　绿色建筑标识项目数量统计

　　从项目数量和面积上来看，2008—2010 年，绿色建筑标识项目数量和面积增长较缓慢；2011—2015 年，增长速度很快，2014 年的项目数量和面积大约与前六年的总和相当。其中，一星级和二星级绿色建筑的发展规模远高于三星级绿色建筑的发展规模，主要原因是：一星级项目增量成本不高，并且容易达到，一些省市如北京、广东、江苏、浙江等已经开始对新建建筑全面实行绿色建筑标准；二星级项目有国家财政补贴，再加上一些地区提供的地方补贴、城市建设配套费减免等激励政策，增量成本压力相对不大，已激起开发商越来越大的实施动力；三星级增量成本较高，开发商经过一定的研发努力方可达到，所以总体来看，三星级建筑的品质普遍较高。如图 1-10 所示。

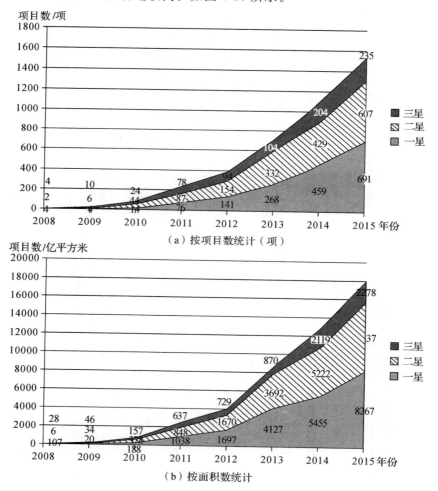

（a）按项目数统计（项）

（b）按面积数统计

图 1-10　绿色建筑评价标识项目逐年分布统计

1.2.3　典型省份的绿色建筑发展情况

1. 江苏省绿色建筑发展情况

(1)绿色建筑评价标识项目情况

截至 2015 年底,江苏省绿色建筑评价标识数量 788 项,位列全国第一,绿色建筑评价标识项目面积 8211 万平方米。江苏省第十二届人民代表大会常务委员会第十五次会议于 2015 年 3 月 27 日通过《江苏省绿色建筑发展条例》,自 2015 年 7 月 1 日起施行,为推动绿色建筑发展提供了立法基础。

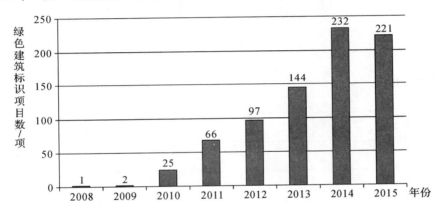

图 1-11　江苏省星级绿色建筑项目数

(2)节能建筑发展情况

2006—2014 年,江苏省节能建筑面积增长情况如图 1-12 所示。另外,2015 年 1—10 月,江苏省新增节能建筑面积 1.2248 亿平方米,其中居住建筑 9285 万平方米、公共建筑 2963 万平方米。节能建筑比率增长情况如图 1-13 所示。

(3)可再生能源应用建筑发展情况

2006—2014 年,江苏省可再生能源建筑面积增长情况如图 1-14 所示。另外,2015 年 1—10 月,江苏省新增可再生能源建筑应用面积 4785 万平方米,其中太阳能光热应用面积 4343 万平方米、浅层地能应用面积 442 万平方米。可再生能源应用建筑比率增长情况如图 1-15 所示。

2. 浙江省绿色建筑发展情况

(1)浙江省建筑业发展概况

浙江省是建筑大省、建筑强省,2014 年全省建筑业增加值占全省 GDP 总量的比重约为 6.1%,利税总额对地方财政贡献率约为 12%,已成为浙江省国民

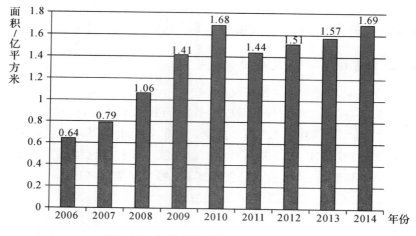

图 1-12　江苏省节能建筑面积增长情况

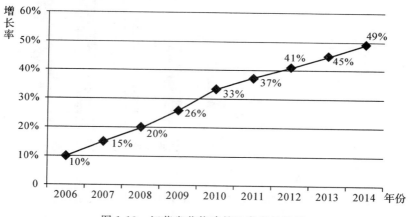

图 1-13　江苏省节能建筑比率增长情况

经济重要的支柱产业之一。浙江省每年新增民用建筑超过 1 亿平方米,建筑的建造和使用过程消耗了大量的能源资源,已占全社会总耗能量的 40% 左右,给经济社会发展带来巨大压力。具体如图 1-16 和图 1-17 所示。

（2）绿色建筑发展情况

2008—2015 年,浙江省绿色建筑评价标识项目数量 213 项,位列全国第六。截至 2016 年 9 月,浙江省绿色建筑评价标识项目数已达 249 项,其中 2016 年 1—9 月,新增绿色建筑评价标识项目 36 项。具体如图 1-18 所示。

2014 年 1 月 1 日起,浙江省全面强制执行相当于一星级水平的绿色设计标准。并且,浙江省第十二届人民代表大会常务委员会第二十四次会议于 2015 年 12 月 4 日通过《浙江省绿色建筑条例》,2016 年 5 月 1 日起施行,为全国第二

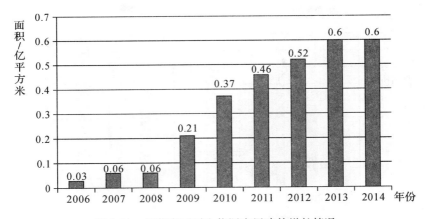

图 1-14　江苏省可再生能源应用建筑增长情况

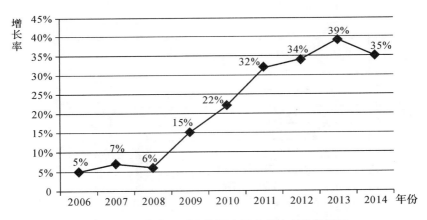

图 1-15　江苏省可再生能源应用建筑比率增长情况

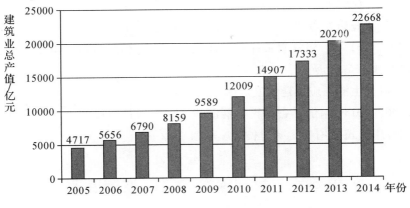

图 1-16　浙江省建筑业产值增长情况

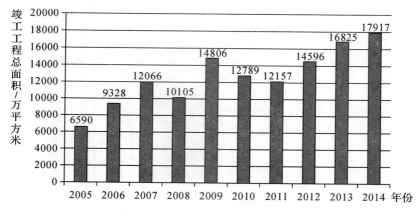

图 1-17　浙江省近年竣工建筑面积

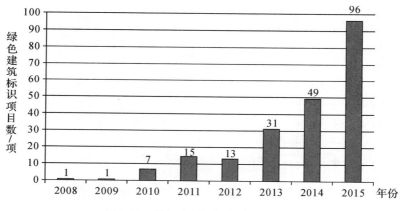

图 1-18　浙江省星级绿色建筑项目数

部绿色建筑立法。

（3）节能建筑发展情况

2006—2014 年,浙江省节能建筑面积增长情况如图 1-19 所示,节能标准执行率情况如图 1-20 所示。

（4）可再生能源应用建筑发展情况

2006—2014 年,浙江省可再生能源建筑面积增长情况如图 1-21 所示,可再生能源应用建筑应用替代率增长情况如图 1-22 所示。

第3节　我国绿色建筑的发展展望

近十年来,我国绿色建筑从无到有、从试点到大面积推广,实现了超越式发

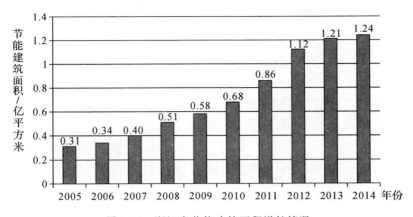

图 1-19 浙江省节能建筑面积增长情况

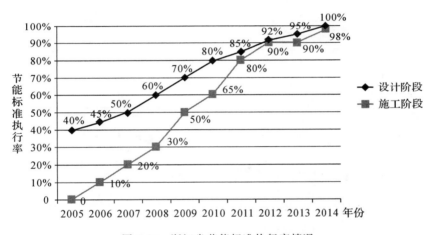

图 1-20 浙江省节能标准执行率情况

展。绿色建筑发展的大趋势已不可逆转,前景十分美好,发展路径更加清晰,绿色建筑占全国新建建筑面积比率将明显上升。

1.3.1 国家推动绿色建筑发展的具体举措

1. 国家绿色建筑行动方案

2013 年 1 月 1 日,《国务院办公厅关于转发发展改革委 住房城乡建设部绿色建筑行动方案的通知》(国办发〔2013〕1 号)发布。根据国家绿色建筑行动方案的重点任务要求,对于新建建筑的节能工作,执行如下具体措施:

(1)积极引导建设绿色生态城区,推进绿色建筑规模化发展。

(2)政府投资的国家机关、学校、医院、博物馆、科技馆、体育馆等建筑,直辖

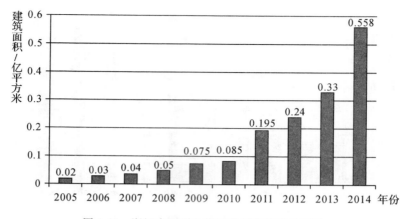

图 1-21　浙江省可再生能源应用建筑增长情况

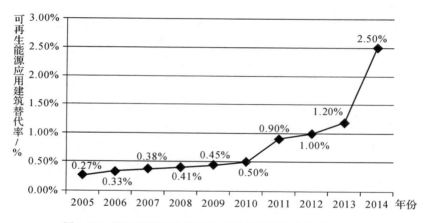

图 1-22　浙江省可再生能源应用建筑应用替代率增长情况

市、计划单列市及省会城市的保障性住房,以及单体建筑面积超过 2 万平方米的机场、车站、宾馆、饭店、商场、写字楼等大型公共建筑,自 2014 年起全面执行绿色建筑标准。

(3)积极引导商业房地产开发项目执行绿色建筑标准,鼓励房地产开发企业建设绿色住宅小区。

(4)切实推进绿色工业建筑建设。

(5)积极推进绿色农房建设,加强农村村庄建设整体规划管理,制定村镇绿色生态发展指导意见,编制农村住宅绿色建设和改造推广图集、村镇绿色建筑技术指南。

需要补充说明的是,尽管绿色建筑行动方案中对商业房地产开发项目执行绿色建筑标准采取引导和鼓励的政策,但是北京、上海、江苏、浙江、广州、重庆、长沙、秦皇岛等地已经要求城市新建居住建筑强制执行绿色建筑标准,绿色建筑标准强制范围逐步扩大。

2. 关于保障性住房实施绿色建筑行动的通知

2013 年 12 月 16 日,住房城乡建设部发布了《关于保障性住房实施绿色建筑行动的通知》(建办〔2013〕185 号),该通知要求自 2014 年 1 月 1 日起,全国直辖市、计划单列市及省会城市市辖区范围内的政府投资、公共租赁住房,应率先实施绿色建筑行动,至少达到绿色建筑一星级标准。政府投资的公益性建筑、保障房、单体面积超过 2 万平方米的大型公共建筑 2014 年起率先执行绿色建筑标准。

3. 关于在政府投资公益性建筑及大型公共建筑建设中全面推进绿色建筑行动的通知

2014 年 10 月 15 日,住房城乡建设部办公厅、国家发改委办公厅、国家机关管理局办公室印发了《关于在政府投资公益性建筑及大型公共建筑建设中全面推进绿色建筑行动的通知》(建办科〔2014〕39 号),明确要求国家机关办公建筑,政府投资的学校、医院、博物馆、科技馆、体育馆等满足社会公众公共需要的公益性建筑,以及单体建筑面积超过 2 万平方米的机场、车站、宾馆、饭店、商场、写字楼等大型公共建筑,全面推进绿色建筑行动。

4. 国家新型城镇化规划(2014—2020 年)

2014 年 3 月 16 日,国家新型城镇化规划(2014—2020 年)正式公布,指出我国城镇化是在人口多、资源相对短缺、生态环境比较脆弱、城乡发展不平衡的背景下推进的,这决定了我国必须从社会主义初级阶段这个最大的实际出发,遵循城镇化发展规律,走中国特色新型城镇化道路,全面提高城镇化质量。

新型城镇化规划提出应坚持的七项基本原则之一就是"生态文明、绿色低碳",要求把"以人为本、尊重自然、传承历史、绿色低碳理念融入城市规划全过程"。在第十八章为"推动新型城市发展",其中第一节为"加快绿色城市发展",要求实施绿色建筑行动计划,完善绿色建筑标准及认证体系、扩大强制执行范围,加快既有建筑节能改造,大力发展绿色建材,强力推进建筑工业化。

5. 能源发展战略行动计划(2014—2020 年)

2014 年 6 月 7 日,国务院在关于印发《能源发展战略行动计划(2014—2020年)》的通知中明确指出:"实施绿色建筑行动计划……大力发展低碳生态城市和绿色生态城区,到 2020 年城镇绿色建筑占新建建筑比例达到 50%。"

6. 关于开展低碳社区试点工作的通知

2014 年 3 月 21 日,国家发改委印发了《关于开展低碳社区试点工作的通知》(发改办气候〔2014〕489 号)。在该通知中明确要求"推广节能建筑和绿色建筑",试点社区内新建保障性住房应全部达到绿色建筑一星级标准,新建商品房应全部达到绿色建筑二星级及以上标准,既有建筑低碳化改造后应达到当地强制性建筑节能标准。

7. 关于开展绿色农房建设的通知

2013 年 12 月 18 日,住房城乡建设部、工业和信息化部印发了《关于开展绿色农房建设的通知》,将绿色农房、绿色建材分别纳入村庄规划和产业规划统筹实施。通过试点,建成一批示范绿色农房,总结成熟的技术方法,再进行大规模推广。环京津、长三角、珠三角等环境敏感区域要率先全面推进绿色农房建设。

另外,国家发改委、住房城乡建设部于 2014 年 11 月 27 日发布了《党政机关办公用房建设标准》,将绿色建筑的基本要求纳入其中,彰显了政府带头落实绿色建筑标准要求的实施行动。

1.3.2 省(区、市)推动绿色建筑发展的具体举措

目前,全国各省、自治区、直辖市(包括新疆生产建设兵团)均结合当地实际情况相继发布了地方绿色建筑行动方案,明确了绿色建筑发展的目标和任务,提出了强制实施绿色建筑的目标要求,并明确主要通过"强制"和"激励"相结合的方式推动绿色建筑发展。如图 1-23 和图 1-24 所示。

图 1-23　绿色建筑强制对象

典型省(区、市)绿色建筑发展的长期目标(见表 1-1),强制性政策(见表 1-2),激励性政策(见表 1-3)。

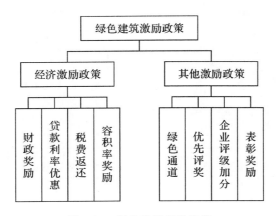

图 1-24　绿色建筑激励政策

表 1-1　典型省(区、市)绿色建筑发展长期目标

序号	省(区、市)	绿色建筑发展的长期目标	数据来源
1	湖南	到 2020 年,全省 30% 以上新建建筑达到绿色建筑标准要求,长沙、株洲、湘潭三市 50% 以上新建建筑达到绿色建筑标准要求	湖南省人民政府关于印发《绿色建筑行动实施方案》的通知(湘政发〔2013〕18 号)
2	江苏	到 2020 年,全省 50% 的城镇新建建筑按两星级以上绿色建筑标准设计建造	江苏省人民政府办公厅关于印发《江苏省绿色建筑行动方案》的通知(苏政发〔2013〕103 号)
3	青海	到 2020 年末,绿色建筑占当年城镇新增民用建筑的比例达到 30%	青海省人民政府办公厅转发省发展改革委、省住房和城乡建设厅关于《青海省绿色建筑行动实施方案》的通知(青政办〔2013〕135 号)
4	安徽	到 2017 年末,全省 30% 的城镇新建建筑按绿色建筑标准设计建造	安徽省人民政府办公厅关于印发《安徽省绿色建筑行动实施方案》的通知(皖政办〔2013〕37 号)
5	福建	到 2020 年末,全省 40% 的城镇新建建筑达到绿色建筑标准要求	福建省人民政府办公厅关于印发《福建省绿色建筑行动实施方案》的通知(闽政办〔2013〕129 号)
6	广东	到 2020 年底,绿色建筑占全省新建建筑比重力争达到 30%	广东省人民政府办公厅关于印发《广东省绿色建筑行动实施方案》的通知(粤府办〔2013〕49 号)
7	贵州	到 2020 年力争实现 60% 的城镇新建建筑达到绿色建筑标准	贵州省人民政府办公厅转发省发改委、省住房和城乡建设厅《贵州省绿色建筑行动实施意见》的通知(黔府办发〔2013〕55 号)

续表

序号	省 (区、市)	绿色建筑发展的长期目标	数据来源
8	重庆	到 2020 年,全市城镇新建建筑全面执行一星级国家绿色建筑评价标准	重庆市人民政府办公厅关于印发《重庆市绿色建筑行动实施方案(2013—2020 年)》的通知(渝府办发〔2013〕237 号)

表 1-2 部分省(区、市)绿色建筑发展的强制性政策

序号	省 (区、市)	强制政策
1	湖南	2014 年起,全省政府投资的公益性公共建筑和长沙市保障性住房全面执行绿色建筑标准
2	吉林	2014 年起,政府投资建筑、单体建筑面积超过 2 万平方米的大型公共建筑以及长春市保障性住房,全面执行绿色建筑标准
3	山东	2014 年起,政府投资或以政府投资为主的机关办公建筑、公益性建筑、保障性建筑、单体面积 2 万平方米以上的公共建筑,全面执行绿色建筑标准
4	河北	2014 年起,政府投资建筑、单体建筑面积超过 2 万平方米的大型公共建筑,全面执行绿色建筑标准
5	江苏	2013 年起,全省保障性住房、政府投资项目、省级示范区中的项目以及大型公共建筑四类新建项目,全面执行绿色建筑标准;2015 年起,城镇新建建筑全面按一星及以上绿色建筑标准设计建造
6	海南	2014 年起,政府投资建筑、单体建筑面积超过 2 万平方米的大型公共建筑,全面执行绿色建筑标准;海口、三亚和儋州市保障性住房全面执行绿色建筑标准,其他市县新建保障性住房 30% 以上达到绿色建筑标准要求
7	北京	2013 年 6 月 1 日起,新建项目基本达到绿色建筑一星以上标准(北京市人民政府办公厅《关于印发发展绿色建筑推动生态城市建设实施方案》的通知(京政办发〔2013〕25 号))
8	四川	2014 年起,政府投资新建的公共建筑以及单体建筑面积超过 2 万平方米的新建公共建筑全面执行绿色建筑标准、2015 年起具有条件的公共建筑全面执行绿色建筑标准
9	河南	2014 年起,全省新建保障性住房,国家可再生能源建筑应用示范市县及绿色生态城区的新建项目,各类政府投资的公益性建筑以及单体建筑面积超过 2 万平方米的大型公共建筑,全面执行绿色建筑标准
10	新疆兵团	2014 年起,政府投资的公益性项目、2 万平方米以上的大型公共建筑、10 万平方米以上的住宅小区及兵团国有投资城市区内的保障性住房项目全面执行绿色建筑标准;2015 年所有新建建筑执行绿色建筑标准

续表

序号	省 （区、市）	强制政策
11	陕西	2014 年起，政府投资建筑、省会城市保障性住房、单体建筑面积超过 2 万平方米的大型公共建筑，全面执行绿色建筑标准
12	山西	2013 年起，政府投资的公益性工程全面执行绿色建筑标准；2014 年起，单体建筑面积超过 2 万平方米的机场、车站、宾馆、饭店、商场、写字楼等大型公共建筑，太原市新建保障性住房全面执行绿色建筑标准
13	湖北	2014 年起，国家机关办公建筑和政府投资的公益性建筑，武汉、襄阳、宜昌市中心城区的大型公共建筑，武汉市中心城区的保障性住房率先执行绿色建筑标准；2015 年起，全省国家机关办公建筑和大型公共建筑，武汉全市域、襄阳、宜昌市中心城区的保障性住房开始实行绿色建筑标准。积极引导房地产项目执行绿色建筑标准
14	安徽	公共机关建筑和政府投资的学校、医院等公益性建筑以及单体超过 2 万平方米的大型公共建筑要全面执行绿色建筑标准；2014 年起，合肥市保障性住房全部按绿色建筑标准设计建造
15	江西	2014 年起，政府投资建筑、具备条件的保障性住房以及单体面积超过 2 万平方米的大型公共建筑，全面执行绿色建筑设计标准
16	广西	2014 年起，政府投资的公益性公共建筑、南宁市保障性住房以及单体建筑面积超过 2 万平方米以上的大型公共建筑，全面执行绿色建筑标准；2014 年后建成的超过 2 万平方米的旅游饭店执行绿色建筑标准，才有受理评定星级旅游饭店的资格
17	福建	2014 年起，政府投资的公益性项目、大型公共建筑（指建筑面积 2 万平方米以上的公共建筑）、10 万平方米以上的住宅小区以及厦门、福建、泉州等市财政性投资的保障性住房全面执行绿色建筑标准
18	广东	2014 年 1 月 1 日起，新建大型公共建筑，政府投资新建的公共建筑以及广州、深圳等新建的保障性住房全面执行绿色建筑标准；2017 年 1 月 1 日起，全省新建保障性住房全面执行绿色建筑标准
19	贵州	2014 年起，全省由政府投资的建筑，贵阳市由政府投资新建的保障性住房，以及单体建筑面积超过 2 万平方米的机场、车站、宾馆、饭店、商场、写字楼等大型公共建筑要严格执行绿色建筑标准。
20	新疆	2014 年起，政府投资建筑，乌鲁木齐市、克拉玛依市建设的保障性住房，以及单体建筑面积超过 2 万平方米的大型公共建筑，各类示范性项目及评奖项目，率先执行绿色建筑标准；2015 年起，其他各地保障性住房执行绿色建筑评价标准
21	甘肃	2014 年起，在全省范围内，由政府投资的建筑、单体超过 2 万平方米的大型公共建筑以及兰州市保障性住房要全面执行绿色建筑标准

续表

序号	省 （区、市）	强制政策
22	宁夏	自 2014 年起，政府投资建筑以及单体超过 2 万平方米的大型公共建筑，银川市城区规划内的保障性住房，全面执行绿色建筑标准
23	重庆	2013 年起，主城区公共建筑率先执行一星级绿色建筑标准；2015 年起，主城区新建居住建筑和其他区市（自治县）城市规划区新建公共建筑执行一星级国家绿色建筑评价标准；到 2020 年，全市城镇新建建筑全面执行一星级国家绿色建筑评价标准
24	黑龙江	2014 年起，政府投资建筑，哈尔滨、大庆市市本级的保障性住房，以及单体建筑面积达到 2 万平方米的大型公共建筑，全面执行绿色建筑标准

表 1-3　部分省（区、市）绿色建筑发展的激励性政策

序号	省 （区、市）	激励政策
1	湖南	对全省绿色建筑创建计划项目，纳入绿色审批通道；对因绿色建筑技术而增加的建筑面积，不纳入建筑容积率核算；在"鲁班奖""广厦奖"等评优活动中，将获得绿色建筑标识作为民用房屋建筑项目入选必选条件。对实施绿色建筑的相关企业，在企业资质年检、企业资质升级中给予优先考虑或加分
2	山东	对已获得国家绿色建筑评价标识的单体绿色建筑项目，省级根据项目所获得的星级给予奖励，2013 年奖励标准为：一星级 15 元/平方米，二星级 30 元/平方米，三星级 50 元/平方米。获"设计标识"后可获相应星级 30％奖金；竣工后，经现场核实与设计一致的，可再获相应星级 30％奖金。获"绿色建筑评价标识"后，获剩余 40％的奖金（山东省财政厅、山东省住房和城乡建设厅《关于印发〈山东省省级建筑节能与绿色建筑发展专项资金管理办法〉的通知》（鲁财建〔2013〕22 号）； 在国家、省级评选活动及各项示范工程评选中，绿色建筑项目优先推荐、优先入选或适当加分
3	河北	对新建绿色大型公共建筑，优先落实高效照明产品推广补贴政策
4	江苏	对财政部、住房城乡建设部确定的二星、三星奖励项目，按一定比例给予配套奖励；对获得一星级设计标识的项目，按 15 元/平方米的标准给予奖励；对获得绿色建筑运行标识的项目，在设计标志奖励基础上再增加 10 元/平方米奖励
5	青海	取得一星级绿色建筑评价标识的项目返回 30％城市配套费；对达到三星级运行标识的绿色建筑返回 40％城市基础设施配套费

续表

序号	省（区、市）	激励政策
6	海南	对达到二星级运行标识的绿色建筑返还 20% 城市基础设施配套费；对达到三星级运行标志的绿色建筑返还 40% 城市基础设施配套费
7	北京	对达到国家或北京市绿色建筑评价标准二星、三星级的绿色建筑运行标识项目分别给予每平方米 22.5 元和 40 元的财政资金奖励。
8	陕西	达到二星、三星级绿色建筑标准的，除享受国家奖励资金补助外，省财政给予配套奖励：一星级 10 元/平方米，二星级 15 元/平方米，三星级 20 元/平方米；对公益性建筑、商业性公共建筑、保障性住房等，奖励资金兑付给建设单位或投资方；对商业性住宅项目，奖励资金 30% 兑付给建设单位或投资方，70% 兑付给购房者
9	山西	对因实施外墙外保温、遮阳、太阳能光伏幕墙等绿色建筑技术而增加的建筑面积，可不纳入建筑容积率计算；鼓励项目实施立体绿化，其屋顶绿化面积的 20% 可计入该项目绿化用地面积，也可计入当地绿化面积
10	安徽	金融机构对绿色建筑的消费贷款利率可下浮 0.5%，开发贷款利率可下浮 1%；省有关部门在组织"黄山杯""鲁班奖"、勘察设计奖、科技进步奖等评选时，对取得绿色建筑评价标识的项目应优先入选或优先推荐
11	江西	在"鲁班奖""广厦奖""华夏奖""杜鹃花奖""全国绿色建筑创新奖"等评优活动及各类示范工程评选中，实施绿色建筑优先入选或优先推荐上报制度
12	广西	在"鲁班奖""广厦奖""华夏奖"等评优活动及各类示范工程评选中，对获得绿色建筑标识的项目，实施优先入选或优先推荐上报
13	福建	对绿色建筑项目，各地纳入绿色审批通道；在"鲁班奖""闽江杯""优秀勘察设计奖"等评优活动中，优先推荐绿色建筑项目
14	贵州	对经营性盈利项目要以容积率奖励为主，除争取国家绿色建筑奖励资金外，在获得星级绿色建筑设计标识后，按实施绿色建筑项目计容建筑面积的 3% 以内给予奖励。
15	宁夏	对达到绿色建筑标准的民用建筑，在国家和自治区"鲁班奖""广厦奖""西夏杯""优秀设计奖"以及建筑业新技术应用及可再生能源建筑应用示范工程的评审中增加一定分值；对推动绿色建筑工作中成绩突出的单位和个人，自治区人民政府给予表彰奖励
16	黑龙江	对取得绿色建筑标识的项目并继续开展绿色建筑业务的相关企业，在资质升级、优惠贷款等方面给予优先考虑或加分；在国家、省级评优活动及各类示范工程评选中，绿色建筑项目优先推荐、优先入选或适当加分

续表

序号	省 （区、市）	激励政策
17	上海	对获得二星级或三星级绿色建筑标识的新建居住建筑和公共建筑给予60元/平方米的补贴。要求二星级居住建筑的建筑面积2.5万平方米以上，三星级居住建筑的建筑面积1万平方米以上；二星级公共建筑单体建筑面积1万平方米以上，三星级公共建筑单体建筑面积5万平方米以上。且公共建筑必须实行建筑用能分项计量，与本市国家机关办公建筑和大型公共建筑能耗监测平台数据联网（上海市发展和改革委员会、上海市城乡建设和交通委员会、上海市财政局《关于印发〈上海市建筑节能项目专项扶持办法〉的通知》（沪发改环资〔2012〕088号））
18	内蒙古	对于取得三星级绿色建筑评价标识的城乡配套费减免100％，取得二星级绿色建筑评价标识的城乡配套费减免70％，取得一星级绿色建筑评价标识的城乡配套费减免50％。在"鲁班奖""广厦奖""华夏奖""草原杯"以及自治区优质样板工程等评优活动及各类示范工程评选中，对获得绿色建筑标识的项目，实施优先入选或优先推荐上报；在企业资质年检、企业资质升级时给予优先考虑或加分等。（《内蒙古自治区人民政府关于积极发展绿色建筑的意见》（内政发〔2012〕21号））

第2章 建筑工程绿色监理的框架体系

第1节 工程建设监理概述

1.1 我国工程建设管理模式演变

1950—1952年,工程建设基本上都是建设单位根据自己的财力和需要,自行安排并组织工程建设实施的。1953—1957年,新工程项目大量开工建设,逐渐形成了建设单位发包、施工单位承包的建设单位负责制格局。1958年5月,石景山钢铁公司扩建采用建设单位投资包干模式,成效显著。1960年,国务院有关部门召开了全国性的推广投资包干会议。20世纪60年代,为集中人力、物力、财力确保工程建设项目在较短时间内完成,形成了由指挥部统一管理工程项目建设所有事项的模式。1984年9月,国务院颁布了《国务院关于改革建筑业和基本建设管理体制若干问题的暂行规定》,要求推行投资包干制和招标承包制。1988年,建设部按照国务院批准的"三定"方案规定的职责,创建我国工程建设监理制度。最早利用这一制度的是利用世界银行贷款的鲁布革水电站引水工程。1988年7月25日,建设部发布了《关于开展建设监理工作的通知》(1988建建字第142号),开始建设工程监理制试点,同年8月1日,人民日报第一版以显著的标题"迈向社会主义商品经济新秩序的关键一步——我国将按国际惯例设建设监理制"向全世界公布了我国建设领域实施的这一项新的重大改革。开始5年后逐步推开,1997年《中华人民共和国建筑法》以法律制度的形式作出规定,国家推行建设工程监理制度,从而使建设工程监理在全国范围内进入全面推行阶段。可以说,1988—1997年是工程建设监理事业蓬勃兴起的第一个十年。我国工程管理模式的发展历程如图2-1所示。

继快速发展的第一个十年后,工程建设监理进入了突破发展的第二个十年(1998—2008年),依然保持了高速发展的势头,委托建设监理的工程建设项目

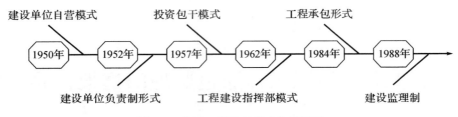

图 2-1　我国工程管理模式发展历程

迅速增加,建设监理队伍不断扩充,有关建设监理的规章陆续颁布,如建筑工程监理范围和规模标准规定、工程建设监理企业资质管理规定、注册监理工程师管理规定、房屋建筑工程施工旁站监理管理办法、建设工程监理规范、建设工程监理与相关服务收费管理规定等,具体如表 2-1 所示。建设监理的社会认知度也在不断提升。

表 2-1　建设部发布有关工程监理的规章制度(1998—2008 年)

序号	规章名称	发布时间	备注
1	《工程建设若干违法违纪行为处罚办法》	1999.03.03	建设部、监察部联合部令第 68 号
2	《建设工程监理范围和规模标准规定》	2001.01.17	建设部令第 86 号
3	《建设工程监理规范》	2000.12.07	建设部、国家质量技术监督局
4	《工程监理企业资质管理规定》	2001.08.29	建设部令第 102 号
5	《房屋建筑工程施工旁站监理管理办法(试行)》	2002.07.17	建市〔2002〕189 号
6	《建设工程项目管理试行办法》	2004.11.16	建市〔2004〕200 号
7	《外商投资建设工程服务企业管理规定》	2006.01.26	建设部令第 147 号
8	《工程建设若干违法违纪行为处罚办法》	2007.01.22	建设部令第 155 号
9	《建设工程监理与相关服务收费管理规定》	2007.03.30	发改价格〔2007〕200 号

不可否认,建设监理在发展过程中,也遇到了一些新的困难,如建设监理业务逐渐被肢解,业主对工程建设监理重要性认识不足,不规范招标制约监理工作的开展,施工安全责任重大等。住房和城乡建设部建筑市场监管司于 2016 年 3 月发布了《关于征求进一步推进工程监理行业改革发展的指导意见》(征求意见稿),开始探索监理行业下一步的改革创新。

2.1.2　工程建设监理的内涵

1. 监理

"监理"可以理解为名词，也可指一项具体行动。在现代汉语中，这是一个外来词，其英文相应的名词是"supervision"，动词为"supervise"。监理是"监"与"理"的组合词。"监"是对某种预定的行为从旁边观察或进行检查，使其不得逾越行为准则，也就是监督的意思；"理"是对一些相互协作和相互交错的行动进行协调，以理顺人们的行为和权益的关系。因此，"监理"一词可以解释为：有关执行者根据一定的行为准则，对某些行为进行监督管理，使这些行为符合准则要求，并协助行为主体实现其行为目的。

在实施监理活动的过程中，需要具备的基本条件如下：

(1)明确的监理"执行者"，也就是必须有监理的组织；

(2)明确的行为"准则"，也就是监理的工作依据；

(3)明确的被监理"对象"，也就是被监理的行为和行为主体；

(4)明确的监理目的和行之有效的监理思想、理论、方法与手段。

2. 工程建设监理

这里提到的"工程建设监理"，实际上是一种社会监理，是指由独立的、专业化的社会监理单位，受业主（或投资者）的委托，对项目建设全过程实施的一种专业化管理。其内容主要是根据业主的需要，可以包括项目建设前期的可行性研究及项目评估，实施阶段的招投标、勘察、设计、施工等。社会监理是由社会监理单位的工程师，通过对项目建设的组织、协调、监督、控制和服务等一系列措施来实现的。社会监理单位是指依法成立、独立的、智力密集型的从事工程建设监理业务的经济实体。换言之，工程建设监理是指工程建设监理单位接收业主的委托和授权，依据建设行政法规和技术标准，运用法律、经济、技术等手段，对工程建设项目参与者的行为，进行监督、控制、指导和协调，以确保工程安全，达到合理发挥投资效益目的的活动。

工程建设监理按监理阶段不同可分为设计监理和施工监理。设计监理是在设计阶段对设计项目所进行的监理，其主要目的是确保设计质量、进度、投资等目标满足业主的要求；施工监理是在施工阶段对施工项目所进行的监理，其主要目的在于确保质量、投资、进度和施工安全等，以满足业主的要求。

2.1.3　工程建设监理的任务

工程建设监理的中心任务就是控制工程项目目标,也就是控制经过科学规划所确定的工程项目的投资、进度和质量目标,这三大目标是相互关联、互相制约的目标系统。工程建设监理的主要任务,是对工程建设的具体实施活动进行管理、协调、控制(一般称作"三控、两管、一协调"),以达到促进提高工程建设水平的目的。

所谓"三控",是指对工程建设的进度、质量和投资的管理。这是工程建设监理的核心,最为重要。任何工程项目都是在一定的投资额度内和一定的投资限制条件下实现的。任何工程项目的实现都要受到时间的限制,都有明确的项目进度和工期要求。任何工程项目都要实现它的功能要求、使用要求和其他有关的质量标准,这是投资建设一项工程最基本的需求。实现建设项目并不十分困难,而要使工程项目能够在计划的投资、进度和质量目标内实现则是困难的,这就是社会需求工程建设监理的原因。一般情况下,质量、进度、投资三项工程目标很难同时达到峰值,工程建设监理正是为解决这样的困难和满足这种社会需求而出现的。监理的任务就是要根据工程项目业主的不同侧重要求、工程项目建设的客观条件以及建设市场的发展趋势,拟定三项匹配比较科学合理的管控方案,并尽力实现这预定的目标,以期达到工程建设的最佳状态。

所谓"两管",是指对工程建设合同的管理和对工程建设过程中有关信息的管理。对合同的管理,是实现"三控"的重要途径,其表现形式是:定期或不定期地核查工程建设合同实施情况,纠正实施中出现的偏差,提出新一阶段执行合同的预控性意见。关于信息管理,主要是对有关工程项目建设,以及与工程项目建设有关的所有信息的收集、整理、筛选、存贮、传递、应用等一系列工作的总称。其实,信息管理是合同管理的附庸,或者说合同管理的表征,所有工程建设合同管理无不是以信息管理为依托,工程建设信息管理无不是以工程建设合同管理为服务对象。

所谓"一协调",是指协调参与同一工程项目建设各方的工作关系,使之都能按照预定的计划有条不紊地搞好各自担负的工作。可以通过定期或不定期召开会议的形式或者通过分别沟通的形式进行,达到统一意见、协调步调的要求。做好工程协调工作,要以既定的工程项目建设计划为出发点,以最大限度地调动各有关方面的积极性为基本准则,以最合理的投入为代价,促进工程建设顺利进行。

工程建设的每个阶段、各个环节都有具体的"三控、两管、一协调"的内容,

按照工程建设的程序来划分,各阶段的主要内容如下:

(1)建设前期阶段:对工程建设项目可行性研究和工程建设投资决策的监理。

(2)勘察设计阶段:优选规划设计方案,协助招标勘察、设计单位对工程勘察、设计进行监理。

(3)施工阶段:协助招标选择施工单位,对工程施工进行监理,组织工程预验收等。

除此之外,监理单位还可以根据自己的能力和营业范围,承担项目法人委托的其他连带监理业务,如项目运营期的技术服务等。

2.1.4　工程建设监理的特点

1. 独立性

建设项目监理单位是直接参与工程建设项目建设的"第三方",它与业主及承包商之间是一种平等的合同约定关系。当委托监理合同确定后,业主不得干涉监理单位的正常工作。监理单位行使工程承包合同及委托监理合同中所确认的职权,承担相应的职业道德责任和法律责任。监理单位与监理工程师不得同工程建设的各方发生任何利益关系,必须保证监理单位的独立性。

2. 公正性

在工程建设过程中,监理单位和监理工程师一方面应当严格履行监理合同的各项义务,竭诚为业主服务;另一方面,应当排除各种干扰,以公正的态度对待委托方和被监理方,维护合同双方的合法权益。特别是当业主与承包商发生利益冲突时,应公正地站在"第三方"的立场上,以事实为依据,以有关的法律法规和双方所签订的工程建设合同为准绳,独立、公正地解决和处理问题。

3. 科学性

建设项目监理应当遵循科学性的准则。监理的任务决定了监理单位必须具有科学的思想、理论、方法和手段,必须具有发现和解决工程设计问题和处理施工中存在的技术、管理问题的能力,能够为建设单位提供高水平的专业化服务。

4. 服务性

监理活动既不同于承包商的直接生产活动,也不同于业主的直接投资活动。一方面,监理人员要对工程建设活动进行组织、协调和控制,保证工程建设合同实施,为建设项目业主提供服务;另一方面,监理人员在为业主服务的同时,有权监督业主和承包商严格遵守国家有关建设标准和规范。

第2节　建筑工程绿色监理的概念

2.2.1　绿色监理的内涵

1. 绿色监理

绿色监理一般是指独立于业主和承包人的第三方,受建设单位的委托,根据法律法规、工程建设标准(尤其是与绿色建筑相关的工程建设标准)、勘察设计文件及工程建设合同,对建设项目进行全过程(包含设计、施工和运营阶段)的监督管理,使建设项目最大限度地节约资源,减少对环境的负面影响,实现节地、节能、节水、节材和环境保护(四节一环保)的技术服务活动。

需要指出的是,这里所说的工程建设合同,是一个定性的概念,包括投资咨询合同、工程规划合同、工程勘察合同、工程设计合同、工程设备采购合同、工程施工合同、工程保修合同等。

2. 绿色建筑工程监理

绿色建筑工程监理是指工程监理单位受建设单位委托,根据法律法规、与绿色建筑和绿色施工相关的工程建设标准、勘察设计文件及合同,在施工阶段对绿色建筑和绿色施工进行监督管理,使工程项目及其施工最大限度地节约资源,减少对环境负面影响,实现节地、节能、节水、节材和环境保护(四节一环保)的服务活动。

3. 绿色施工监理

绿色施工监理是指工程监理单位根据现行法律法规、绿色施工相关标准及建设工程施工合同,在施工阶段对建筑工程的绿色施工进行监督管理,使工程施工最大限度地节约资源,减少对环境负面影响,实现节地、节能、节水、节材和环境保护(四节一环保)的服务活动。

2.2.2　绿色监理的原则

基于可持续发展的理念,绿色监理应坚持以下原则。

1. 以人为本的原则

人类生产活动的最终目标是创造更加美好的生存条件和发展环境。所以，这些生产活动必须以顺应自然、保护自然为目标，以物质财富的增长为动力，实现人类的可持续发展。绿色监理把关注资源节约和保护人类的生存环境作为基本要求，把人的因素摆在核心位置，关注建设活动对生产、生活的负面影响（既包括对项目建设的人员，也包括对周边人群和全社会的负面影响），把尊重人、保护人作为主旨，以充分体现以人为本的原则，实现建设活动与人和自然和谐发展。

2. 环境优先的原则

自然环境质量直接关乎人类的健康，影响着人类的生存与发展，保护生态环境就是保护人类的生存与发展。工程建设活动对环境有较大的负面影响，对大气和水体有一定的污染，还会产生大量的固体废弃物排放，以及噪声、强光等刺激感官的污染。因此，绿色监理应秉承"环保优先"的原则，推动、监督施工单位积极开展"绿色施工"，把项目建设过程中的烟尘、粉尘、固体废弃物等污染物，震动、噪声和强光等直接刺激感官的污染物控制在允许范围内，这也是"绿色监理"中绿色的直接体现。

3. 资源高效利用的原则

资源的可持续性是人类发展可持续的主要保障。工程建设行业是典型的资源消耗性产业，我国作为一个发展中的人口大国，在未来相当长的时期内建筑业还将保持较大规模的发展，这必将消耗数量巨大的资源。绿色监理要把督促、推动改变传统粗放的生产方式作为基本目标，把推动资源的高效利用作为重点，本着循环经济要求的"3R"原则（即减量化、再利用、再循环），坚持在工程建设活动中推动工程建设各方节约资源、高效利用资源，开发利用可再生资源，同时加强资源的回收利用，减少废弃物排放，提高我国工程建设水平。

4. 精细管理的原则

精细管理可以有效减少工程建设过程中的失误，减少返工，从而也可以减少资源浪费。因此，绿色监理还应坚持"精细管理、事前控制、主动控制"的原则，将精细化理念融入工程管理过程中，通过精细策划、精细管理、严格规范标准、督促承建方以优化流程、提升技术水平、强化动态监控等方式方法促进工程建设由传统高消耗的粗放型、劳动密集型向资源集约型和智力管理、技术密集型的方向转变。

5. 绿色品质的原则

推动工程建设项目"绿色"目标的实现,主要目的是为人们提供健康、适用和高效的使用空间,与自然和谐共生的建筑,其核心是"建筑品质"的提升。因此,实施绿色监理,要坚持绿色品质重点提升的原则,对施工策划、材料采购、现场施工、工程验收等各阶段进行控制。绿色监理要重点审查建筑材料中有害物质的含量,地方性材料的充分利用,建筑施工、旧建筑拆除和场地清理时产生的固体废弃物的分类处理、循环利用等,加强对整个施工过程的管理和监督。

2.2.3　绿色监理的特征

绿色监理作为"第三方"监理,也具有独立性、公正性、科学性、服务性的特点。由于绿色监理对象的特殊性及其实施的专业性,其还有一些自己的特点。

1. 系统性

工程建设项目全生命周期"绿色"目标实现的具体体现是"四节一环保",即节能、节地、节水、节材和保护环境,它们之间是互相联系、有机统一的整体。因此,实施绿色监理要坚持实施系统化的原则,将节能、节水、节材和环境保护看作一个有机的整体,整体谋划、统筹实施。从另一面来讲,实施"绿色监理",还要同设计单位的"绿色设计"和施工单位的"绿色施工"有机联系起来,进行总体方案的优化,充分考虑绿色施工的要求,推动工程建设绿色目标的实现。

2. 前瞻性

绿色监理是推动实现建筑全寿命周期绿色化的重要手段。实施绿色监理,应前瞻性地进行总体方案优化,在规划、设计阶段,应充分考虑建设项目"绿色化"的总体要求,积极推动为"绿色施工"提供基础条件。同时,开展绿色监理还要对项目建设可能对环境造成的影响尽早调查,及时采取处理措施,有效保护施工区域及周边的环境。通过这些前瞻性监理措施的采取,可使项目建设对周围环境影响降到一个可以接受的范围,实现绿色监理目标。

3. 时效性

建设项目绿色监理应体现事前控制和主动控制的要求,尽量早期介入,节能、节材、节地、节水等措施都需要事前谋划。在建设项目动工之前,依据工程设计文件和节能评估及环境评价文件,开展前期的准备工作。同时,工程建设项目施工对环境的影响或破坏具有明显的时效性,因此绿色监理要能及时发现设计和施工中存在的隐患,及时予以处理,尽量避免"先破坏,后修复",争取做到事前、事中监理,避免事后监理。

4. 实用性

专业化绿色监理的设置,能够综合考虑节能工程、环保工程等同主体工程的适应性,充分发挥节能工程、环保工程等的实用性,避免同主体工程割裂,使节能工程、环保工程更加经济实用,弥补设计阶段可能出现的缺陷。

5. 规范性

运用 ISO 14000 和 ISO 18000 管理体系,将绿色监理和绿色施工的有关内容分解到管理体系目标中去,使绿色监理和绿色施工规范化、标准化。

2.2.4　绿色监理实施的作用和效益

1. 实施绿色监理有助于提高建筑全寿命周期的绿色性能

对于工程建设项目全寿命周期而言,规划、设计阶段对建筑物整个生命周期的使用功能、环境影响和费用影响比较显著;施工阶段是工程实体的生成阶段,其工程质量影响着建筑运行时期的功能、成本和环境。推动实施绿色监理,其本质是以“节能环保”为核心的工程建设组织管理实施体系,其所强调的“四节一环保”并非是以“经济效益最大化”为基础的,而是强调在环境和资源保护前提下的“四节一环保”,是强调以“节能减排”为目标的“四节一环保”。因此,实施绿色监理推动承包方积极开展绿色施工,对于项目成本控制而言,有可能是增加的,但是对于建设项目的全寿命周期而言,确实是效益显著的;对单个企业而言,效益可能“小损失”,对于国家整体环境治理、能源节约的“大收益”亦是显著的。

2. 实施绿色监理有助于减少环境污染

对于工程建设的全寿命周期而言,施工阶段的能耗总量也许并不突出,但是却尤为集中,同时还产生大量的粉尘、噪声、固体废弃物、水污染、土地占用等多种类型的环境影响,具有类型多、影响集中、程度深等特点。

对于绿色监理,还有一些其他的表述,但万变不离其宗。究其含义,一是坚持节约资源、降低消耗;二是监督、推动承包商清洁施工过程和控制环境污染;三是促使承包商尽可能采用绿色建材和设备;四是基于绿色理念,推动承包商采用先进的技术,优化设计产品所确定的工程做法、设备和用材,促使施工过程安全文明,并保证质量,实现建筑产品的安全性、可靠性、适用性和经济性。因此,开展绿色监理能控制各种环境影响、节约资源能源,有效减少各类污染物的产生,减少对影响区域人群的负面影响,取得突出的环境效益和社会效益。

3. 实施绿色监理有助于推动技术进步

绿色监理不是一句口号,也不仅仅是工程监理行业的理念转变,其本意是推动创造一种对人类、自然和社会的环境影响相对较小、资源高效利用的全新工程建设管理模式。绿色监理的实现,一方面需要技术进步,另一方面需要科学管理,特别是要以目前新型建筑工业化和以 BIM(Building Information Modeling)为代表的信息化技术作为重要方向,这两者对于节约资源、保护环境和改善工人作业条件具有重要的推动作用。

4. 实施绿色监理是推动建设绿色建筑的重要组成部分

建筑在全寿命周期内是否绿色、是否具有可持续性,是由其规划设计、施工和运营管理等全过程的绿色性能好坏所体现的。首先,工程建设策划坚持绿色理念;其次,规划设计必须坚持绿色设计标准;再次,施工过程严格实施绿色施工要求,同时,建设监理要将"四节一环保"理念放在首位,将资源节约和环境保护放在突出位置;最后,物业运行管理必须依据可持续发展的理念,进行绿色物业管理。因此,在建筑的全寿命周期内,要完美体现"绿色化"的理念,各环节、各阶段和参与各主体都必须全力推进和落实绿色发展理念,通过绿色设计、绿色施工、绿色监理和绿色运维建成彰显可持续发展理念的绿色建筑。

2.2.5   绿色监理与传统工程监理

1. 绿色监理是传统工程监理的提升和拓展

工程监理是工程建设监理的简称,是监理单位根据业主的委托和授权,依照政府法令、法规、合同,对工程建设各个工序和环节之间的各项工作,各相关单位(业主、监理、承包商)之间协调有序地实施监督管理的高智能的有偿技术服务。目的是保证建设行为符合国家法律、技术标准及有关政策,确保建设行为的合法性、合理性、科学性和经济性。工程监理的主要内容是:控制工程建设的投资、建设工期和工程质量;进行工程建设的合同管理、信息管理;全面协调有关单位之间的工作关系。

绿色监理并不是完全独立于传统工程监理体系的,它是在传统工程监理的基础上按照科学发展观对传统工程监理体系进行创新和提升。传统的工程监理的目标和任务是"三控两管一协调",虽然也兼顾施工安全生产和环境保护目标,但它们都处于次要地位。绿色监理更加注重的是坚持"四节一环保"理念下的"三控两管一协调",更加强调资源节约和环境保护。因此,传统的工程监理是绿色监理发展的基础,绿色监理是传统工程监理转型升级发展的新阶段,是传统工程监理内涵提升和外延拓展的具体体现。绿色监理与传统工程监理的对比如表 2-2 所示。

表 2-2　绿色监理与传统工程监理对比

项目	传统工程监理	绿色监理
监理理念	为业主服务、以项目为中心,注重建设期,忽视使用	关注建筑对社会可持续发展的贡献,注重长远利益、社会利益和环境利益;坚持以人为本的思想,注重施工安全,注重使用者的健康和舒适;全过程、全寿命看待建筑;注重绿色监理企业建设
监理目标	经济效益	经济效益、环境效益、社会效益并重
监理内容	质量、进度、投资控制,合同、信息管理	强调资源节约和环境保护前提下的质量、进度、投资控制,合同、信息管理
关注期限	建设期	全寿命
法规标准	建筑法规和标准	建筑法规和标准、绿色建筑标准等

2. 绿色监理与工程监理既有机统一又相对独立

前面探讨过,绿色监理是传统工程监理的内涵提升和外延拓展。我们还探讨了不同的概念,即绿色监理、绿色建筑工程监理、绿色施工监理等。因此,绿色监理既可依托目前的工程监理组织实施,也可由独立的绿色监理机构来实施。比如,传统的工程监理可以增加承担施工期的绿色施工监理的任务、绿色建筑工程监理可以由工程监理机构承担实施、绿色设计监理可以采用单独设置绿色监理的方式等。

从国际咨询工程师联合会(FIDIC)条款对工程师和工程师的任务与权力的定义可知,工程师由雇主任命并在投标书附录中指明,为实施合同担任工程师的人员通常理解为工程监理,只是对工程建设实行监理。但从 FIDIC 条款 4.18 环境保护中可以得知,工程师被授权后,无论承包商能否因为执行工程师的指令而得到补偿,工程师均可以给承包商就环境问题下指令,工程师所做的工作可以包含环境监理与工程监理。如果采用单独设置绿色监理的模式来实施的话,两者间的关系如图 2-2 所示。

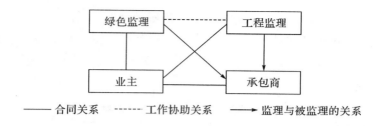

图 2-2 绿色监理与工程监理之间的关系

第 3 节 建筑工程绿色监理的相关依据

2.3.1 有关绿色监理的国家法律法规

1.《中华人民共和国节约能源法》

第三十五条,建筑工程的建设、设计、施工和监理单位应当遵守建筑节能标准。

第七十九条,……设计单位、施工单位、监理单位违反建筑节能标准的,由建设主管部门责令改正,处十万元以上五十万元以下罚款;情节严重的,由颁发资质证书的部门降低资质等级或者吊销资质证书;造成损失的,依法承担赔偿责任。

2.《民用建筑节能条例》

第十五条,设计单位、施工单位、工程监理单位及其注册执业人员应当按照民用建筑节能强制性标准进行设计、施工、监理。

第十六条,……工程监理单位发现施工单位不按照民用建筑节能强制性标准施工的,应当要求施工单位改正;施工单位拒不改正的,工程监理单位应当及时报告建设单位,并向有关主管部门报告。墙体、屋面的保温工程施工时,监理工程师应当按照工程监理规范的要求,采取旁站、巡视和平行检验等形式实施监理。未经监理工程师签字,墙体材料、保温材料、门窗、采暖制冷系统和照明设备不得在建筑上使用或者安装,施工单位不得进行下一道工序的施工。

第四十二条,违反本条例规定,工程监理单位有下列行为之一的,由县级以上地方人民政府建设主管部门责令限期改正;逾期未改正的,处十万元以上三十万元以下的罚款;情节严重的,由颁发资质证书的部门责令停业整顿、降低资质等级或者吊销资质证书；造成损失的，依法承担赔偿责任：(一)未按照民用建筑节能强制性标准实施监理的；(二)墙体、屋面的保温工程施工时，未采取旁站、巡视和平行检验等形式实施监理的。对不符合施工图设计文件要求的墙体材料、保温材料、门窗、采暖制冷系统和照明设备，按照符合施工图设计文件要求签字的，依照《建设工程质量管理条例》第六十七条的规定处罚。

2.3.2　有关绿色监理的地方法律法规

1.《江苏省绿色建筑发展条例》

2015 年 3 月 27 日，《江苏省绿色建筑发展条例》由江苏省第十二届人民代表大会常务委员会第十五次会议通过，自 2015 年 7 月 1 日起施行。该条例的整体框架思路如图 2-3 所示，其中有关"绿色监理"的规定主要为以下几条：

第十七条，建设单位项目负责人对绿色建筑工程质量承担责任；设计单位项目负责人、施工单位项目经理、监理单位总监理工程师按照有关规定分别承担相应责任。

第二十条，监理单位应当根据施工图设计文件和绿色建筑标准，结合绿色施工方案，编制绿色建筑监理方案并实施监理。

第二十一条，县级以上地方人民政府建设主管部门应当依据绿色建筑标准和相关法律、法规，对建筑实体质量和工程建设、勘察、设计、施工、监理和质量检测等单位的质量行为实施监督。

第二十二条，建设单位组织工程竣工验收，应当对建筑是否符合绿色建筑标准进行验收。不符合绿色建筑标准的，不得通过竣工验收。

第五十五条，违反本条例规定，监理单位未根据绿色建筑标准和施工图设计文件编制绿色建筑监理方案并实施监理的，由建设主管部门责令限期改正，并处十万元以上三十万元以下罚款。

2.《浙江省绿色建筑条例》

2015 年 12 月 4 日，《浙江省绿色建筑条例》由浙江省第十二届人民代表大会常务委员会第二十四次会议通过，自 2016 年 5 月 1 日起施行。该条例的整体框架思路如图 2-4 所示，其中有关"绿色监理"的规定主要为以下几条：

第十五条，……施工单位应当在施工中采取降低施工能耗、水耗，减少废弃物排放、减少噪声污染和防治扬尘等节能减排和环境保护措施。防治扬尘所需费用纳入工程造价。监理单位应当对施工单位是否按照施工图设计文件和绿色建筑强制性标准进行施工，是否采取节能减排和环境保护措施实施监理。

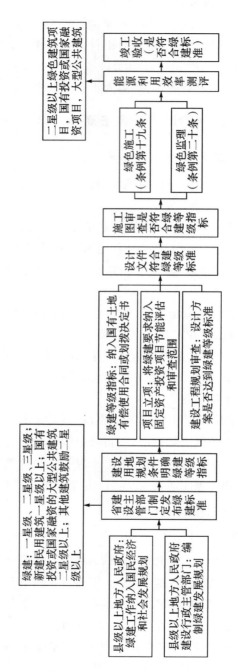

图2-3 《江苏省绿色建筑发展条例》基本框架

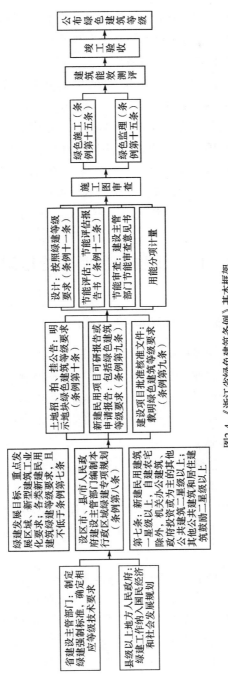

图2-4 《浙江省绿色建筑条例》基本框架

第十六条，建设单位组织设计、施工、监理等有关单位进行竣工验收时，应当对民用建筑围护结构、节能和节水设施设备等是否符合施工图设计文件要求和绿色建筑强制性标准进行查验；不符合施工图设计文件要求或者绿色建筑强制性标准的，不得通过竣工验收。……

对比《江苏省绿色建筑发展条例》和《浙江省绿色建筑条例》，整体框架体系大体相近，但是《浙江省绿色建筑条例》第十六条中"竣工能效测评"的相关规定为推动绿色建筑发展提供了有力支撑，由原编制节能评估文件的民用建筑节能评估机构对该民用建筑围护结构保温隔热性能和用能系统效率等指标是否落实节能评估文件要求进行测评，并出具真实、完整的测评报告；未经建筑能效测评或者测评结果不合格的，不得通过竣工验收；竣工验收报告应当包括建筑能效测评的内容和结果。具体竣工能效测评内容如图 2-5 所示。

第 4 节　建筑工程绿色监理的框架内容

2.4.1　建筑工程绿色管理框架

工程建设项目绿色管理框架是指在建设项目业主的主导作用下形成的，包括业主、绿色监理、工程监理、承包商在内，受一定管理制度约束，发挥"四节一环保"职能的网格型组织结构。根据 FIDIC 条款，业主与工程师之间存在合同关系与管理关系，业主与承包商之间存在合同关系，工程师与承包商之间存在管理关系，具体如图 2-6 所示。

项目业主对整体绿色管理框架的形成起着主导作用。项目业主要根据项目特点、规划设计和施工阶段中"四节一环保"的具体工作内容，合同文件中业主、监理、承包商对"四节一环保"工作承担的具体任务，结合业主、监理、承包商之间的分工与协调等一系列基本因素，对"绿色监理模式"的建设方案进行研究和设计。

从 FIDIC 条款对工程师和工程师的任务与权力的定义，可以分析出，这里没有把工程师职权明确定义为仅对工程的建设实行监理。工程师可行使合同中规定的或者合同中必然隐含的权力。《环境保护法》《节约能源法》《民用建筑节能条例》等的颁布，节能评估和节能审查制度以及环境影响评价制度法律基础的建立，工程建设的合同文件中渐渐出现了节能、环保条款，都表明工程师已有实施绿色监理的法律和合同依据。

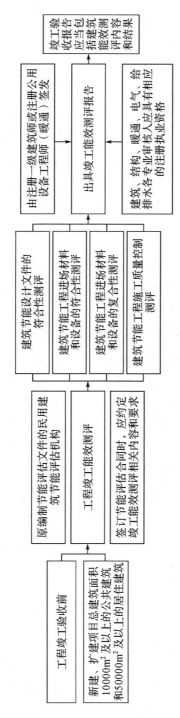

图 2-5 浙江省绿色建筑竣工能效测评主要内容

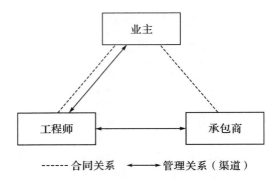

图 2-6　业主、工程师和承包商之间的工作关系

2.4.2　绿色监理的运作模式

绿色监理运作模式是绿色监理工作链条中一个极重要的环节。必须建立一个信息通畅、务实高效的绿色监理运作模式,才能够切实履行绿色监理职责,才能实现工程效益、经济效益、社会效益的目标。

1."传统式"绿色监理运作模式

"传统式"绿色监理模式是指监理单位受业主委托直接对承包商开展监理活动。按现行的运作模式,工程监理单位是唯一的监理单位,对施工承包合同进行全面管理,当然包括承包合同中相关的"四节一环保"的措施。绿色监理工程师是工程监理的组成部分,负责现场的"四节一环保"的监督管理。绿色监理工程师与承包商之间的函件或指令需要通过业主、工程监理工程师才能到达承包商,由此产生的责任问题由绿色监理工程师承担。如图 2-7 所示。

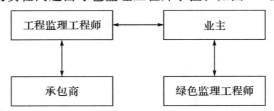

图 2-7　"传统式"绿色监理运作模式

2."双规式"绿色监理运作模式

通过参考施工单位建立联营体进行投标的方式来建立由工程监理单位和绿色监理单位组成的联合体,共同对工程建设和"四节一环保"内容进行监理,重大的问题由总监理工程师签发,对于在工程中与"四节一环保"方面有抵触的

指令由总监理工程师最后裁决签发。如图 2-8 所示。

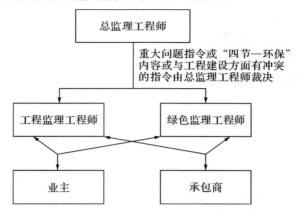

图 2-8　"双轨式"绿色监理运作模式

2.4.3　绿色监理的阶段划分

绿色监理控制是建筑全寿命周期中的一个重要组成部分,在绿色建筑工程建设中要推进"全过程"绿色监理,将工程建设各个阶段的绿色建筑评价要求落实到位。具体如图 2-9 所示。

$$建筑工程绿色监理 \begin{cases} 建筑工程绿色设计监理 \\ 建筑工程绿色施工监理 \\ 建筑工程绿色运营监理 \end{cases}$$

图 2-9　建筑工程绿色监理的阶段划分

1. 设计阶段的绿色监理

规划设计阶段强调建筑与环境和谐相处,充分利用场地的现有资源和能源,减少或消除建筑和建筑活动对环境的不良影响。具体到设计阶段的绿色监理工作中,要按照绿色建筑标识等级所要求的指标值进行控制,设计阶段采用可以体现绿色建筑特色的设计方案,尽可能使用清洁、可再生能源,采用节能的建筑围护结构,根据当地气候条件采用适宜的平面布置和总体布局等。

2. 施工阶段的绿色监理

目前,我国绿色施工尚处于起步阶段,但是发展势头良好。出台《绿色施工导则》和《建筑工程绿色施工评价标准》仅仅是一个开端,还属于导向性的要求,相关的绿色施工法规和实施标准都还没有完善,尤其是量化方面的指标,比如能耗指标、循环测量指标等。与国外相比,还存在认识深度不够,施工技术不够先进,缺乏系统规范的管理等问题。

施工阶段的绿色监理要积极推进绿色施工的实践,促进各方企业在绿色施工中落实责任,积极采取环境保护、节能、节地、节水、节材等措施,减少对周边环境的干扰和破坏,尽可能多地使用可再生资源或可再循环使用材料,注意控制水资源的使用,采用节水措施。创造健康的内在生活环境,将建筑物建成后对室内环境的不利影响减小到最低。

3. 运营阶段的绿色监理

采用科学管理、智能化的系统控制和适用的消费模式,保证建筑设备系统的安全和清洁运行,并降低系统能耗,减少运行过程中污染物的产生,提高建筑整体的运行效率,延长建筑生命周期,制定适应项目自身要求的环保制度。

2.4.4 建筑工程绿色监理体系构成

1. 建筑工程绿色监理组织机构体系

建筑工程绿色监理组织机构体系包括两方面的内容:绿色监理的组织机构模式研究和专业化的绿色监理队伍建设。具体如图 2-10 所示。

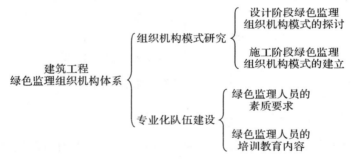

图 2-10　建筑工程绿色监理组织机构体系

(1)建筑工程绿色监理组织机构模式研究

绿色监理组织机构模式研究是组织机构模式在绿色监理体系中的具体体现和运用。绿色监理的目标就是使工程设计、环境影响评价、水土保持方案、招标文件中的"四节一环保"措施落到实处。绿色监理模式的研究主要是围绕着绿色监理目标的实现,来探讨合适的绿色监理组织机构模式的不同形式,并结合建筑工程绿色监理的具体特点建立不同的表现形式。

（2）建筑工程绿色监理专业化队伍建设

绿色监理的实施要由具体的绿色监理人员来操作，因此绿色监理的专业化队伍的建设就显得尤为重要。专业化的绿色监理队伍建设，考虑绿色监理人员的素质要求，兼顾其专业、学历等，以达到科学合理决策与高效开展绿色监理工作的需求。另外，还要加强对目前工程监理人员的继续教育和培训，逐步提高其对"四节一环保"的认识，并对其进行跟踪管理，以履行政府监督的职能。

2. 建筑工程绿色监理技术方法体系

绿色监理的技术方法是指为使绿色监理实施得科学、有效而采取的一系列行之有效的措施。绿色监理技术方法体系包括：绿色监理技术手段、绿色监理经济手段、绿色监理公众参与手段和绿色监理的现场管理手段。具体如图 2-11 所示。

建筑工程
绿色监理技术方法体系 {
绿色监理技术手段
绿色监理经济手段
绿色监理公众参与手段
绿色监理现场管理手段

图 2-11　绿色监理技术方法体系

（1）绿色监理的技术手段

技术手段是绿色监理开展的重要支撑。目前绿色监理还处于研究探讨阶段，无章可循，建筑工程绿色监理要运用可利用的技术，来支撑绿色监理的实施，保证绿色监理实施的科学、高效。由于目前绿色监理的可操作性不强，且技术标准的符合度不强，因此绿色监理要加强其技术手段的研究，引导承包商采用先进的施工技术，进行绿色施工。绿色监理的技术手段主要包括绿色监理技术文件的编制、开展技术检测和环境监测等。

（2）绿色监理的经济手段

经济手段在环境监理中可以克服强制性手段的不足，具有一定的灵活性和经济有效性，且能实现以最小的经济代价获得所需要的绿色监理效果。由于承包商对环境破坏或环境污染行为的外部不经济性，绿色监理要运用各种经济手段，使其发挥重要的作用，促使承包商对破坏或污染环境的行为承担经济责任，使环境破坏或污染的外部不经济性内部化。绿色监理的经济手段主要有支付控制、环境保证金、罚款等。

（3）绿色监理的现场管理手段

绿色监理人员将对承包商施工过程中可能产生不符合"四节一环保"要求的关键环节进行全方位的监督，对现场的情况予以督促检查，及时发现、处理存在的问题,促进承包商进行绿色施工。绿色监理的现场管理将直接影响绿色监理的实施效果。因此,绿色监理要采取有效的现场管理手段,以实现其绿色管理目标。绿色监理的现场管理手段主要有:督促承包商监理绿色管理体系、审核绿色设计技术文件、旁站、巡视、指令性文件、现场检查等。

(4)绿色监理公众参与手段

公众参与是推动建设项目实现"四节一环保"的重要手段,尤其是在环境保护方面。如公众参与施工期环境保护,能够监督承包商的施工行为,促使承包商落实施工期环保措施,及时地为绿色监理工程师提供信息,加强绿色监理的实施效果,有利于绿色监理工程师开展事前主动监理,形成施工期环境保护的综合管理体制。因此,要在施工期引入公众参与,将公众参与同绿色监理工作的其他方面有机结合起来,使公众参与成为绿色监理的重要手段之一。

3. 建筑工程绿色监理实务

绿色监理实务是绿色监理人员运用必要的技术、控制指标等手段,将国家有关的建筑节能和环境保护法律、法规等,同工程建设项目的实施紧密结合起来,贯彻落实到工程项目建设期间的管理工作中去,加强对建设项目节能、环保等方面的管理,提高绿色监理的可操作性,有效控制建设项目对环境的污染和生态的影响,促进建设项目实现资源节约、能源高效利用的绿色化目标。绿色监理实务具体包括:建筑工程绿色设计监理实务、建筑工程绿色施工监理实务、建筑工程绿色新技术应用实务、建筑工程竣工能效测评实务等,具体如图 2-12 所示。

建筑工程
绿色监理实务 {
  建筑工程绿色设计监理实务
  建筑工程绿色施工监理实务
  建筑工程绿色新技术应用实务
  建筑工程竣工能效测评实务
}

图 2-12　绿色监理实务框架

(1)建筑工程绿色设计监理实务

依据《绿色建筑评价标准》中相应的控制项和评分项的主要指标内容,从节地与室外环境、节能与能源利用、节水与水资源利用、节材与材料资源利用、室内环境质量等方面,合理制定设计阶段绿色监理的实施方案和控制指标,并实施监理。

(2)建筑工程绿色施工监理实务

依据《绿色建筑评价标准》中的施工管理章节内容,以及《建筑工程绿色施工规范》的主要指标要求和具体内容,注重施工过程的"人、机、料、法、环"分析,以绿色施工的"四节一环保"要求为基础,提出具体的施工期绿色监理的具体措施。

(3)建筑工程绿色新技术应用实务

通过科技和管理进步的方法,从绿色设计技术和绿色施工技术两个方面,推动绿色新技术在工程建设中的实践应用。一方面是对传统建造技术进行绿色化审视与改造;另一方面是推动承包商进行绿色建造专项技术的创新,构建全面、系统的绿色建造技术体系,为工程建设项目的绿色建造的推进提供技术参考,实现建造过程的"四节一环保"要求。同时,对设计产品所确定的工程做法、设备和用材提出优化和完善的建议,推动建筑施工实现机械化、工业化、信息化。

(4)建筑工程竣工能效测评实务

竣工能效测评是工程建设项目绿色评价的重要量化指标,也是建筑工程绿色目标实现的一个重要体现。依据《建筑节能工程施工质量验收规范》和《浙江省民用建筑项目竣工能效测评技术导则》等相关内容的规定,从进场材料和设备的符合性、现场实体检验的符合性、施工质量控制测评等方面,合理制定绿色监理实施能效测评的具体措施。

第3章　建筑工程绿色监理组织

第1节　建设工程监理组织

3.1.1　组织

1. 组织的概念

组织是指为了使系统达到它特定的目标,使全体参与者经过分工与协作以及设置不同层次的权力和责任制度而构成的一种人的组合体。

组织包含三层意思:①目标是组织存在的前提;②没有分工与协作就不是组织;③没有不同层次的权力和责任制度就不能实现组织活动和组织目标。

作为生产要素之一,组织具有如下特点:其他要素可以互相替代,如增加机器设备可以替代劳动力,而组织不能替代其他要素,也不能被其他要素所替代。但是,组织可以使其他要素合理配置而增值,即可以提高其他要素的使用效益。

2. 组织结构

所谓组织结构,是描述组织的框架体系。就像人类由骨骼确定体型一样,组织也是由结构来决定其形状的。组织结构可以被分解为三种成分:复杂性、正规化和集权化。

(1)复杂性是指组织分化的程度。一个组织越是进行细致的劳动分工,具有越多的纵向等级层次,则协调人员及其活动就越是困难。

(2)正规化是指组织依靠规则和程序引导员工行为的程度,一个组织使用的规章条例越多,其组织结构就越正规化。

(3)集权化是指考虑决策制定权力的分布。

组织结构和职权之间存在着一种直接的相互关系,这是因为组织结构与职位以及职位之间关系的确定密切相关,因而组织结构为职权关系提供了一定的格局。组织中的职权指的就是组织中成员间的关系,而不是某一个人的属性,职权的概念是与合法的行使某一职位的权力紧密相关的,而且是以下级服从上级的命令为基础的。

组织结构与组织中各部门、各成员的职责分派直接有关,在组织中,只要有职位就有职权,而只要有职权也就有职责。组织结构为职责的分配和确定奠定了基础,而组织的管理则是以机构和人员职责的分派和确定为基础的,利用组织结构可以评价组织各个成员的工作实绩,从而使组织中的各项活动有效地开展起来。

组织结构图是组织结构简化了的抽象模型,是描述组织结构较为直观有效的方法。但是,它不能准确、完整地表达组织结构,如它不能说明一个上级对其下级所具有的职权程度以及平级职位之间相互作用的横向关系。

3. 组织设计

所谓组织设计,当管理人员在设立或变革一个组织结构时,他们就是进行组织设计;或者说,组织设计就是对组织活动和组织结构的设计过程,有效的组织设计在提高组织活动效能方面起着巨大作用。

组织设计有以下要点:①组织设计是管理者在系统中建立最有效相互关系的一种合理化的、有意识的过程;②该过程既要考虑系统的外部要素,又要考虑系统的内部因素;③组织设计的结果是形成组织结构。其经典原则如图 3-1 所示。

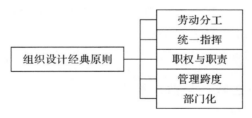

图 3-1　组织设计的经典原则

资料来源:[美]斯蒂芬·P. 罗宾斯. 管理学[M]. 北京:中国人民大学出版社,2012:229

4. 组织机构活动的基本原理

组织机构的目标必须通过组织机构活动来实现。组织机构活动应遵循如下基本原理。

(1)要素有用性原理

一个组织机构中的基本要素有人力、物力、财力、信息、时间等。运用要素有用性原理,首先应看到人力、物力、财力等要素在组织活动中的有用性,充分发挥各要素的作用,根据各要素作用的大小、主次、好坏进行合理安排、组合和使用,尽最大可能提高各要素的有用率。一切要素都有作用,这是要素的共性,然而要素不仅有共性,还有个性。管理者在组织活动过程中不但要看到一切要素都有作用,还要具体分析各要素的特殊性,以便充分发挥每一要素的作用。

(2)动态相关性原理

组织机构内部各要素之间既相互联系,又相互制约;既相互依存,又相互排斥,这种相互作用推动组织活动的进行与发展。这种相互作用的因子,叫作相关因子。充分发挥相关因子的作用,是提高组织管理效应的有效途径。事务在组合过程中,由于相关因子的作用,可以发生质变。整体效应不等于其各局部效应的简单相加,这就是动态相关性原理。组织管理者的重要任务就在于使组织机构活动的整体效应大于其局部效应之和。

(3)主观能动性原理

人是生产力中最活跃的因素,因为人是有生命的、有感情的、有创造力的。人会制造工具,会使用工具劳动并在劳动中改造世界,同时也在改造自己。组织管理者应充分发挥人的主观能动性,只有当主观能动性发挥出来时才会取得最佳效果。

(4)规律效应原理

组织管理者在管理过程中要掌握规律,按规律办事,把注意力放在抓事务内部的、本质的、必然的联系上,以达到预期的目标,取得良好的效应。规律与效应的关系非常密切,一个成功的管理者懂得只有努力揭示规律,才有取得效应的可能,而要取得好的效应,就要主动研究规律,坚决按规律办事。

3.1.2　建筑工程项目监理组织

1. 建筑工程项目监理机构的组织形式

建筑工程监理依据其组织的基本模式,综合考虑项目组成、工程规模、难易程度等因素,需要建立比较成熟、合适的监理组织机构。在工业与民用建筑中一般按监理部、监理组两级设置,相应的监理人员配置为总监理工程师、监理组长、专业监理工程师、监理员等。目前,项目监理部的组织结构形式主要有直线式、职能式、直线职能式、矩阵式四种。

(1)直线式工程监理组织结构

直线式是组织发展初期一种最早、最简单的结构模式。组织结构呈金字塔形,自上而下按垂直系统直线排列,一级服从一级,下一级只对顶头上司负责。在直线式工程监理组织中,总监理工程师负责项目的规划、组织和指导,并协调项目范围内各方面的工作。子项目监理组分别负责子项目的目标值控制,具体领导现场专业或专业监理组的工作。直线式工程监理组织不仅可按项分解设立,还可按建设阶段分解设立。具体如图 3-2 所示。

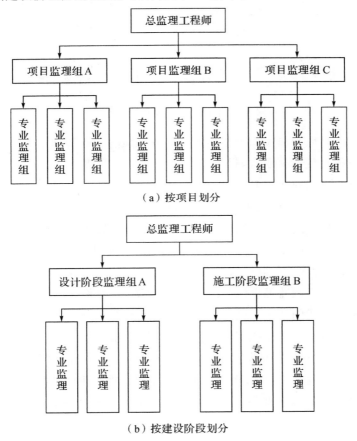

（a）按项目划分

（b）按建设阶段划分

图 3-2　直线式监理组织形式

直线式工程监理组织的主要优点是结构简单,权力集中,命令统一,职责分明,决策迅速,隶属关系明确;缺点是对总监理工程师要求较高,要求其能力全面。

（2）职能式工程监理组织结构

职能式工程监理组织是一种注重发挥专业职能机构功能的组织形式,将职能授予不同专业部门,上级职能部门对下级拥有指挥权,对下级部门或个人直接命令或指挥。在总监理工程师下设一些职能机构,分别从职能角度对基层监理组进行业务管理,这些职能机构可以在总监理工程师授权的范围内,就其主管的业务范围向下下达命令和指示,如图3-3所示。

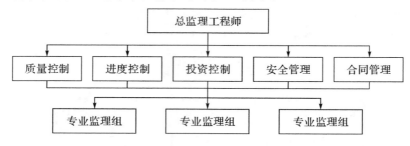

图3-3　职能式工程监理组织形式

　　职能式工程监理组织的主要优点是划分不同的专业管理部门,各在其职责范围内对下级行使管理职责,提高了管理的专业化程度,可充分发挥监理机构内各职能办公室的作用。其缺点主要有:①会对下级产生多头领导,尤其是职能部门较多时;②相互协调困难;③信息沟通不畅。因此,工程监理组织采用此种组织模式,可充分发挥监理机构内各职能办公室的作用,但必须注意各职能办公室的职责与权限划分,以避免各职能办公室间职责不清、协调困难。

　　(3)直线职能式工程监理组织结构

　　直线职能式工程监理组织结构简称 U 形结构,又称"法约尔模型",实际上是直线式和职能式的结合。这种组织形式的特点是有两套系统:一套是按命令统一原则设置组织指挥系统,他们可以对下级发号施令;另一套是按专业化原则设计的组织职能系统,他们是直线指挥人员的参谋,只能对下一级机构进行业务指导而不能发号施令,如图3-4所示。工程监理采用此种组织模式,既可以发挥监理机构内各职能部门的作用,又可以发挥上级机构的领导、协调作用。如图 3-4 所示。

　　直线职能式工程监理组织模式的优点:集中领导、统一指挥,便于人、财、物力调配,分工合理、任务明确、办事效率高;组织秩序井然,稳定性较高,能较好发挥组织的整体效率。其缺点:信息系统差,各部门之间、职能人员与指挥人员之间目标不易统一,易产生矛盾。

　　(4)矩阵式工程监理组织结构

　　矩阵式工程监理组织结构是由纵、横两套管理系统组成的矩阵形组织形式,实际上是按项目组成子项目和按职能设立监理组织的综合形式。矩阵式工程监理组织结构有利于强化各子项监理工作的责任制,有利于总监理工程师对

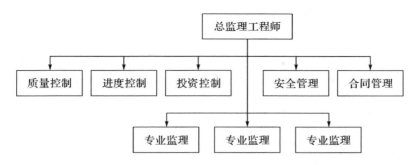

图 3-4　直线职能式监理组织形式

整个项目实施规划、组织与指导,有利于统一监理工作的要求和规范化。当监理单位承担一个大型项目,且项目既复杂又要求多部门、多专业配合实施,对人才利用率很高时,适合采用矩阵式组织模式。

图 3-5 中横列是监理目标控制职能管理部门,竖列为各项专业监理工程师,他们是监理目标控制的具体执行者。图中的组织形式同时也明确了两种关系:一是监理组中人员的领导关系(由图中箭头表示);二是监理工作职能分工管理关系(由矩阵中交点表示)。若监理单位有较强的能力,可以同时承担多个工程项目的监理任务,则便以充分利用稀缺人才,实现监理的高效率。当监理大型项目时,则图 3-5(a)可以作为子项目的基本单元,得到如图 3-5(b)所示的形式。

矩阵式工程监理组织结构能充分适应人才要素在时间、方位、工序上投入的不均衡性特点,优化人力资源,进行动态控制,以保证或协调工程项目在不同阶段的监理要求。其优点概括起来就是加强了各职能部门的横向联系,具有较大的机动性和适应性,使上下左右集权与分权实行最优的结合,有利于解决复杂难题,有利于监理人员业务能力的培养;缺点是纵横向协调工作量大,处理不当会造成扯皮现象,产生矛盾,但这一点必将会随着监理人员整体素质的提高而得到弥补。

2. 建筑工程项目监理组织机构设置程序

组织机构设置的目的是为了产生组织功能,实现项目管理的目标。因此,要从这一目标出发,因目标设事,因事设机构、定编制;按编制岗位定人员,以职责定制度、授权力。建筑工程项目监理组织机构设置程序如图 3-6 所示。

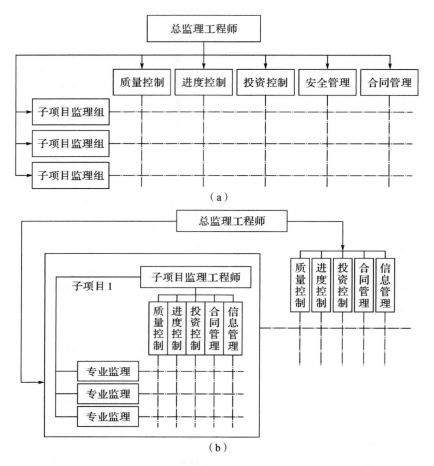

图 3-5   矩阵式工程监理组织结构形式

第 2 节   建筑工程绿色监理组织模式研究

3.2.1   建设工程绿色监理的组织模式探讨

1. 专职式绿色监理组织机构模式

专职式绿色监理组织机构是在建设项目实施期建立的独立的、专业化的绿色监理机构,受项目办公室直接领导,与工程监理是并列关系,不受工程监理的领导。绿色监理机构依据国家相关法律法规、能评文件和节能要求、与建设单

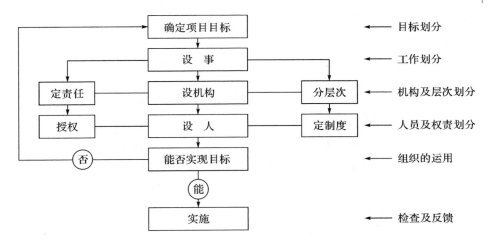

图 3-6　建筑工程项目监理组织机构设置程序

位签订的绿色监理技术咨询服务合同等,对建设项目实施专业化节能咨询和技术服务(专职式绿色监理组织机构)如图 3-7 所示。

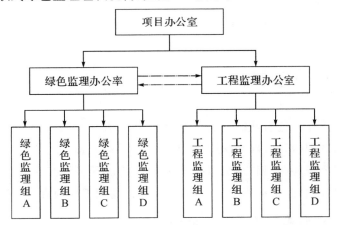

图 3-7　专职式绿色监理组织机构

优点:绿色监理人员专业化程度高,相对比较集中,能及时、集中地对监理过程中发现的不符合"四节一环保"的问题进行讨论研究,及时解决,总结经验。

缺点:由于工作范围、监理方式、监理人数等条件的限制,以及绿色监理工作方式主要采用巡视,所以发现违反"四节一环保"要求的问题存在滞后性。

2. 兼职式绿色监理组织机构模式

绿色监理工作由工程监理机构承担的模式,又称兼职式。目前,兼职式绿色监理模式的应用较为普遍。建设单位委托具有资质的工程监理单位,在工程监理部下设立绿色监理职能部门,负责项目中"四节一环保"工作的落实,具体的绿色监理工作则由参与工程监理的监理人员兼职进行,兼职绿色监理组织结构如图3-8所示。

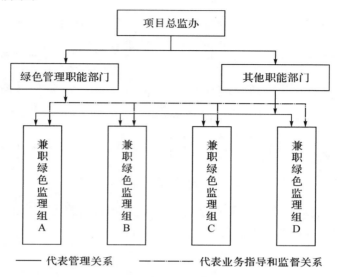

图 3-8　兼职绿色监理组织结构

优点:能与工程监理紧密结合,便于开展工作,有利于绿色监理各项工作的有效实施。

缺点:必须在绿色监理的各项组织制度、工作程序比较成熟的情况下,才能发挥其优势,体现绿色监理的作用,否则就弱化了绿色监理的作用,尤其是当工程实施同"四节一环保"相"冲突"时,兼职的绿色监理多倾向于向工程让步,使"四节一环保"内容处于从属地位,从而影响绿色监理工作的有效开展。

3. 专—兼职式绿色监理组织机构模式

专—兼职式绿色监理组织机构模式吸取了专职式绿色监理人员比较集中、专业化程度高的优点,又能将绿色监理同工程监理有机地结合起来,以加强绿色监理同工程监理的协作关系,使每位工程监理又成为兼职绿色监理,使监理工作的控制目标"质量、进度、费用"与"四节一环保"实现有机统一。

项目总监办中设置绿色管理部,由节能、生态、环保、大气、水污染等专业的工程实践经验丰富的人员担任绿色监理工程师,在项目总监理工程师的领导下,审批绿色监理组呈报的有关绿色监理方案,对绿色监理组进行业务指导。绿色监理组负责绿色监理的具体实施,为了增强绿色监理同工程监理的协作,在各驻地办中增加一名专职绿色监理工程师,其他工程监理人员兼职环境监理人员,以弥补绿色监理旁站监理力度不足的弊端,增强绿色监理实施效果。机构模式如图 3-9 所示。

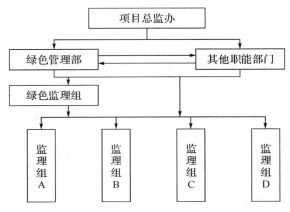

图 3-9　专—兼职式绿色监理组织机构

3.2.2　绿色监理机构组织模式的实用性分析

1. 专职式绿色监理组织机构模式的适用性分析

专职式绿色监理组织机构模式是完全依靠绿色监理单位开展监理工作的模式,独立性是该模式的最大特点,在业务、人际和经济关系等方面都具有很强独立性,并且由于绿色监理单位拥有足够的"四节一环保"方面的专业性人才,可以更好地把握相关环保要求,监督和处理建筑节能和工程环境保护问题,因此该模式适用于"四节一环保"要求较高、"四节一环保"措施专业性较强的项目。但该模式下的绿色监理人员相对于工程监理人员而言,在建设项目工程、工艺方面的知识上有一定劣势,同时该模式独立于工程监理,在执行力方面有一定缺陷,适用于工程、工艺不复杂的项目;同时由于该模式多采用定期巡视监理,力度不够,因此该模式不适用于施工线路较长的项目。

2. 兼职式环境监理组织机构模式的适用性分析

兼职式环境监理组织机构模式将工程监理和绿色监理进行有机结合,依托已发展成熟的工程监理体制,具有较强的执行力。由于工程监理一般为驻地监理,"四节一环保"工作贯穿工程的每个细节,可以更直接地对施工单位的工程行为进行约束和控制,特别是对交通工程、引水式电站、输气管线等线性工程具有较大优势。但是,由于兼职式的绿色监理人员一般为专业监理工程师兼任,虽经过"四节一环保"方面相关培训,但其节能、环保及绿色管理方面的专业知识水平有限,常出现对"四节一环保"方面的要求、政策等把握不充分的现象。同时,在此种模式下,当绿色监理工作与工程进度、费用等产生冲突时,绿色管理工作常会做出一定牺牲,因此该模式适用于对"四节一环保"要求不高、"四节一环保"措施专业性不强的项目。

3. 专—兼职式绿色监理组织机构模式的适用性分析

在专—兼职式绿色监理组织机构模式中,绿色监理被纳入工程监理管理体制中,直接受项目总监办的领导,项目总监办中设置专职绿色监理工程师,对绿色监理职能部门进行业务指导;绿色监理职能部门负责绿色监理的具体工作,监理方式采取驻场监理;工程监理人员同时参与绿色监理工作,并接受驻场专业绿色监理人员的指导。

该模式中,绿色监理人员"四节一环保"方面的专业性较强,弥补了兼职式监理人员技术方面的不足,并能与工程监理等职能部门共享资源,在一定程度上弥补了专职式绿色监理模式在工程方面的不足。绿色监理人员在监理时采用了工程监理常用的驻场监理方式,弥补了专职式绿色监理由于人力等方面原因而采用巡视监理方式导致的绿色监理工作力度不足的弊端。

总之,专职式、兼职式和专—兼职式绿色监理组织机构模式各有所长,应根据项目特点和"四节一环保"的要求选用适当的绿色监理模式。当绿色管理措施涉及项目多、专业性强、施工期较长时,可将各工程按照"四节一环保"措施的专业性和要求进行分类,针对不同部门采取适合的绿色监理模式,可实现资源配置的最优化、绿色监理效益的最大化。同时,应根据经验和相关法律法规大胆探索绿色监理的有效模式,以履行工程实施期内绿色监理的职责,提高绿色监理效率,最终实现项目建设和生态环境的和谐统一。

3.2.3   建筑工程绿色监理组织设置的原则

科学有效的绿色监理组织机构是优质、高效地完成绿色监理目标的组织基础,也是使每位监理工程师做到人尽其才、才得其用、用得其所的重要保障。

1. 效率原则

效率是组织机构运行的目标。绿色监理组织机构模式必须将效率原则放在重要地位,根据工程特点、绿色监理工作任务和目标选择适宜的结构形式,使绿色监理工作高效而正确,减少重复和扯皮,并具有灵活的应变能力。因此,绿色监理组织机构设置要以事为中心,因事设岗,因岗配人,做到人与事高度配合。

2. 责、权、利统一原则

任何组织机构,只有坚持责、权、利一致,才能使组织系统正常运转。权大于责、责大于权都会影响监理人员的主动性、创造性,使组织不能有效运转。因此,绿色监理组织机构要坚持以责任为中心、以权利为保证、以利益为基础的责权利一致原则,在绿色监理组织机构中明确划分职责权力范围,赋予绿色监理各岗位相应的职责和权力,做到每位成员有职、有权、有责。

3. 分工合作原则

分工、合作是提高组织机构效率的要求。绿色监理机构的设置要求工程监理和绿色监理明确合作关系,相互配合,形成一个有机的整体;并根据自己的特点进行专业化的分工,来明确干什么(What)、谁来干(Who)和怎么干(How)。

绿色监理同工程监理的分工不同,工程监理负责工程建设的质量、进度、费用监理;绿色监理负责承包商在建设期对"四节一环保"措施的落实,监督承包商的施工行为,减轻其对环境的影响。但是,两者又必须相互合作,工程监理在监理过程中要考虑工程施工的环境影响,绿色监理要同工程监理紧密结合起来。

4. 灵活性原则

绿色监理组织机构的模式要有相对的稳定性,但又不是一成不变的。应根据工程项目的规模、特点、要求、环境状况等综合考虑组织机构的模式、机构的设置和人员的配备,使组织机构的管理层次和管理跨度相互协调,并能灵活有效地与其他工作的组织机构相互配合,以实现组织目标。

第 3 节　建设工程绿色监理组织机构模式的探讨

3.3.1　设计阶段绿色监理组织机构模式的探讨

1. 设计阶段绿色监理运行的两种模式的探讨

设计阶段实施绿色监理可采用两种运行模式:一是传统意义上的设计监理模式。监理单位受业主委托对设计承包商开展监理活动,工程设计监理是唯一的监理单位,依据设计监理合同和设计承包合同,以及相关的法律法规、设计规范进行监理。绿色设计监理作为工程设计监理的组成部分和有益补充,与承包商之间的函件或指令需要通过业主、工程设计监理才能到达承包商,由此产生的责任由绿色设计监理工程师承担。二是广义的绿色设计监理模式。所谓"广义"主要是相对于"传统式"而言的,主要是针对我国工程监理多指施工期监理,而在设计阶段未开展设计监理的现状,将绿色监理作为设计阶段业主的"顾问"或"智囊",围绕"四节一环保",为业主进行绿色设计优化提供高品质的技术咨询服务,提供建设项目在设计阶段的"绿色化"的技术建议方案,供业主决策采纳。具体如图 3-10 所示。

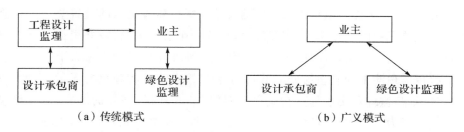

（a）传统模式　　　　　　　　　　　　（b）广义模式

图 3-10　设计阶段绿色监理运行的两种模式

目前,我国建设项目实行"设计审查制",而非"设计监理制",施工图审查单位会对设计施工图中违反"四节一环保"方面强制性条文的地方提出相应的整改意见,起到一定程度的把关作用。但是,这里需要指出:一是施工图审查的时间点在施工图完成之后,是事后监管、被动监管;二是施工图审查仅仅依据强制性条文进行审核,对建设项目整体设计方案的"绿色化"优化、绿色品质的提高,显然作用不大。"设计审查制"不能有效监管设计阶段存在的"四节一环保"方面的问题,导致项目在设计阶段就存在不利于项目全寿命周期绿色目标实现的隐患,增加绿色监理的被动性,降低绿色监理的效果。而目前我国建设项目监理单位是在施工图完成之后、招标之前介入的,工程监理无法对设计阶段存在的不利于"四节一环保"方面的问题提出建议。因此,结合我国目前的"设计审查制"而非"设计监理制"的现状,建议设计阶段绿色设计监理可采用图 3-10（b）中"广义绿色设计监理"模式,为项目业主在"四节一环保"方面的优化设计提供相应的咨询参考和决策依据。

2. 设计阶段绿色监理实施的承担机构探讨

设计阶段实施绿色监理,对承担绿色监理任务的单位和人员提出了较高的要求,不但要具备较高的专业工程设计技术水平,还要有"绿色化"的理念和从全寿命周期角度统筹推动建设项目实现绿色化的技术能力。显而易见,目前承担工程监理的单位和人员还无法胜任,所以我们要创新思路,并依据目前的工程建设体制,创新建设项目绿色设计监理的承担主体,推动建设项目绿色设计监理的实现。

这里以浙江省为例进行探讨。2015 年 12 月 4 日,浙江省第十二届人民代表大会常务委员会第二十四次会议通过了《浙江省绿色建筑条例》,其中第十三条,"新建民用建筑项目的建设单位向城乡规划主管部门报送建设工程设计方案时,应当附具节能评估文件或者节能登记表。"第十六条,"对依照本条例规定需要编制节能评估文件的民用建筑项目,原编制节能评估文件的民用建筑节能评估机构还应当对该民用建筑围护结构保温隔热性能和用能系统效率等指标是否落实节能评估文件要求进行测评,并出具真实、完整的测评报告。未经建筑能效测评或者测评结果不合格,不得通过竣工验收。竣工验收报告应当包括建筑能效测评的内容和结果。"根据《浙江省绿色建筑条例》第十六条的上述规定,浙江省住房和城乡建设厅于 2016 年 4 月 28 日印发了《浙江省民用建筑项目竣工能效测评技术导则》(建设发〔2016〕157 号),规范民用建筑项目竣工能效测评工作,主要包括:"建筑节能设计文件的符合性测评、建筑节能工程进场材料和设备的符合性测评、建筑节能工程现场实体检验的符合性测评、建筑节能工程施工质量控制测评。"

综上所述,民用建筑的节能评估机构从初步方案的设计到竣工验收,全过程参与了建设项目的实施过程。因此,我们可以探索由建筑节能评估机构及相应人员承担设计阶段绿色监理的咨询工作,具体模式既可作为工程设计监理的一部分,也可单独承担建设项目的绿色设计咨询服务。

3. 设计阶段绿色监理实施的组织机构模式探讨

从上述的表述过程中,我们认为在设计阶段采用"广义的绿色设计监理模式",将设计阶段绿色监理作为业主在"四节一环保"方面进行优化设计提供咨询的机构,并不与设计承包商发生直接的指令。依据我们在本章第 1、2 节中所论述的工程监理组织机构的模式,以及绿色监理与工程监理结合的模式的相关内容,我们可以探讨在设计阶段绿色监理所采用的专职式、直线式的组织机构,具体如图 3-11 所示,即可由建筑师或公用设备工程师(暖通)担任绿色设计总监理工程师,建筑、结构、暖通、电气、给排水各专业人员承担相应专业的绿色设计监理工作。

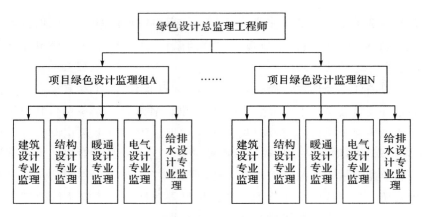

图 3-11　设计阶段绿色监理组织机构模式

3.3.2　施工阶段绿色监理组织机构模式的探讨

1. 施工阶段绿色监理运行的三种模式探讨

施工阶段绿色监理的主要工作内容包括：一是施工期"四节一环保"达标监理,主要是指建筑工程施工建设过程中"四节一环保"的相应指标达到监理要求,如施工过程中的各种污染因子达到环境保护要求;二是"四节一环保"措施监理,主要是指建筑工程施工建设过程中的节水、节能、节材、节地以及环保措施落实情况的监理;三是"四节一环保"的工程设施监理,主要是指配套的"四节一环保"工程设施建设的监理。

结合施工阶段绿色监理的主要工作内容,施工期绿色监理的运行可以采用以下三种模式：一是完全由工程监理兼职承担绿色监理的相应工作内容;二是单独设立绿色监理,围绕"四节一环保"开展监理工作,与工程建设有冲突的地方由业主裁决协调;三是总监理工程师下设工程监理和绿色监理,工程建设和"四节一环保"有冲突的由总监理工程师裁决,如图 3-12 所示。

2. 施工阶段绿色监理实施的承担机构探讨

施工阶段实施绿色监理,要求承担绿色监理任务的单位和人员具备较高的专业工程水平,更要具备"绿色化"的理念。结合图 3-12 所探讨的施工阶段绿色监理的运行模式,这里对承担施工阶段绿色监理的机构模式进行探讨。由于目前施工阶段工程监理体系比较完善,组织机构也比较健全,这也给推行绿色监理提供了支撑和抓手。因此,承担施工阶段绿色监理的机构可以为：一是完全依托施工阶段工程监理承担单位;二是部分依托施工阶段工程监理承担单位,

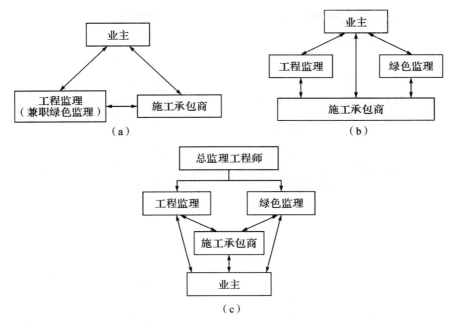

图 3-12　施工阶段绿色监理运行的三种模式

如在设计阶段绿色监理探讨的一样,节能评估派出专业人员作为施工监理的有益补充,具体采用的形式可以是在总监理工程师下面组建专业的绿色监理组或者在总监理工程师下面组建专业的绿色监理职能部门等;三是在目前工程监理的基础上,逐步探讨扩大其承担业务的内涵,探讨单独设立绿色监理机构。

3. 施工阶段绿色监理实施的组织机构模式探讨

结合本章第 1、2 节所探讨的工程监理的组织结构模式以及绿色监理的组织机构模式,对建筑工程项目施工期间绿色监理的组织模式进行具体的探讨。

这里以民用建筑工程项目为例进行探讨。根据目前的工程建设现状,最可行的是采用兼职式的绿色监理模式,即完全由工程监理兼职承担绿色监理的"四节一环保"工作任务和内容,具体到组织机构设置上,可以采用直线制、职能式、直线职能式和矩阵式等,这需要结合具体项目设置。对于一些规模较大、"四节一环保"要求较高的项目也可采用专—兼职式,在总监理工程师下设置绿色管理职能部门,配置专职绿色监理工程师,在工程专业监理组中,设置兼职绿色监理人员。对于专职式绿色监理模式,可根据绿色监理的具体任务内容设置,但是目前设置专职式绿色监理的条件还不够成熟,支撑不多。如图 3-13所示。

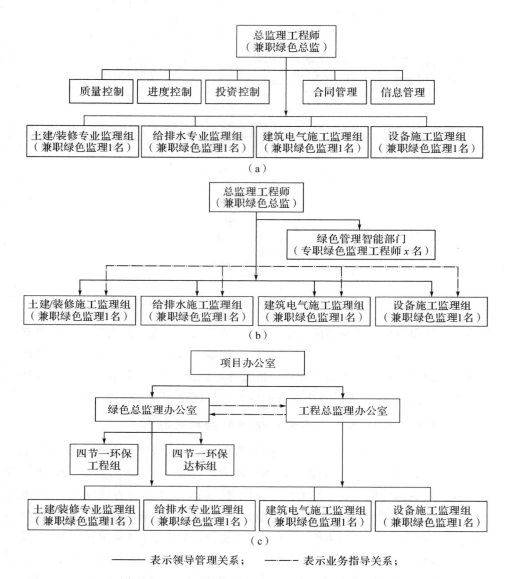

（a）

（b）

（c）

————— 表示领导管理关系； ‐‐‐‐‐ 表示业务指导关系；

图 3-13 施工阶段绿色监理组织机构模式

第 4 节　建设工程绿色监理专业化人员队伍建设

3.4.1　建筑工程绿色监理人员的素质要求

建筑工程绿色监理是一种高智能的有偿技术服务,既不同于承包商的直接生产活动,也不同于项目业主的直接投资活动。它是在工程项目建设过程中,利用自己在工程建设、建筑节能、环境保护等方面的专业知识、技能和经验为业主提供高品质的监督管理服务。建筑工程绿色监理工作的性质决定了绿色监理的专业技术人员应具备多学科综合的专业知识、丰富的工程实践经验、较强的综合协调能力和良好的职业道德。

1. 知识结构

绿色监理人员要有一个完整的知识结构,具备工程技术、项目管理、建筑节能、环境保护(或相关专业)知识;掌握工程监理、建筑节能、环境保护等行业有关的法规、技术标准、规范,精通 FIDIC 合同条款。

2. 实践经验

由于绿色监理内容点多面广,没有统一、具体的对象,不同的地域、气候条件下,就有不同的监理内容,往往还涉及自然保护区、文物保护、旅游区保护等各种复杂的环境。同时,目前绿色监理尚无标准、实施细则,没有具体的量化指标,增加了操作难度。并且施工对环境的影响(破坏)具有隐蔽性,需要监理工程师具有敏锐的洞察力、预见性。因此,丰富的工程实践经验是绿色监理工程师必不可少的素质之一。

3. 组织协调能力

监理单位是在业主、承包商、设计单位之间开展自己的工作的,特别是作为绿色监理,有时甚至得不到业主的支持,当工程同能源节约、环境保护相矛盾时,业主往往倾向于环境向工程让步。因此,绿色监理人员的协调、管理能力尤其重要,要努力通过自己的工作和各方面建立良好的合作关系,既能完成监理合同,有效保护生态环境,推动实现项目资源节约,又能促进工程顺利进行。

4. 职业道德

建筑工程绿色监理人员要有良好的职业道德,在监理过程中,要坚持"严格监理,热情服务,秉公办事,一丝不苟"的原则;在处理合同纠纷时,做到实事求是、公正、公平、廉洁。

3.4.2　建筑工程绿色监理专业化人才队伍的建设

建筑工程绿色监理专业化队伍建设的核心是绿色监理的专业化人才。绿色监理的专业化人才是指能够对工程建设项目实施期间在"四节一环保"方面进行专业化、科学化、有效化监督管理的人员,主要包括:绿色建筑,建筑节能,大气、水、噪声、生态环境保护以及环境管理等方面的专家和技术人员,这些技术人员必须熟悉工程建设项目的实施特点,具备工程建设的专业知识。

1. 建立专业化培训体系

依托协会、高校、社会培训机构等,逐步建立正规化、专业化的培训体系,对欲从事绿色监理的人员和正从事绿色监理、工程施工监理的相关专业人员进行培训,造就高智能复合型人才。首先,举办建筑工程绿色监理培训班,短期短训可以为监理人员快速提供信息,以较短时间掌握概貌,使其了解最新的绿色监理的有关法规、监理方法、手段等。其次,定点专项培训,可以考虑同高等院校相结合,选择具备培训能力的高校,设为绿色监理的培训点,充分利用其教学资源,由各个方面的专家、学者讲授工程建设项目实施期的绿色监理的相关知识。最后,在大专院校的工程监理、工程管理专业中设置"绿色建筑监理"课程。

2. 编写绿色监理的专业化培训教材

依托行业协会,组织专家编写建筑工程绿色监理培训教材。教材通用性要强,既涉及建筑节能、环境保护的基本知识,又突出了工程建设项目实施期间"节能、节材、节地、节水和环境保护"的要求,同时还要注重资源循环利用的相关内容。教材要把建筑节能、环境保护同工程建设紧密结合,使绿色监理培训内容同工程监理培训内容有机统一,使绿色监理同工程监理在实施过程中能较好地相互协作甚至融合。

3. 鼓励举办绿色监理学术会议

鼓励举办建筑工程绿色监理领域的学术交流会议,一方面,积极交流探讨建筑工程绿色监理的发展方向,主动分析绿色监理工作中出现的问题,研究问题的解决方案;另一方面,面向广大监理行业从业者普及建筑工程绿色监理的理念,不断交流绿色监理的成功经验,促进绿色监理落地生根、开花结果。

4. 完善补充工程监理人员继续教育的内容

随着项目规模日趋庞大,功能、标准要求越来越高,技术要求越来越复杂,新问题不断出现。因此,工程监理工程师的继续教育、知识更新越来越紧迫。工程监理工程师知识的更新,关键在于自己的主观能动性,这种主观能动性主要来源于周边的氛围和压力。因此,政府部门要把对工程监理工程师的资质管理同其自身主动再学习、知识更新有机结合起来,建立一种完善的竞争机制和奖罚机制,形成一种促进工程监理工程师学习、更新知识的氛围和压力,督促其不断更新、补充自己的知识,提高综合素质。

　　将绿色监理的相关培训内容逐渐补充完善到工程监理人员的继续教育课程中去,一方面提高工程监理人员的知识水平和核心职业能力,另一方面也符合目前工程建设项目绿色化趋势对工程建设相关从业人员的要求;更为重要的是,促进了工程监理人员和绿色监理人员的不断融合,最终实现完全由工程监理人员承担相应的绿色监理工作。

3.4.3　建筑工程绿色监理专业化人员培训的相关内容

　　建筑工程绿色监理专业化人员培训的主要内容应紧紧围绕"绿色化"的基本理念,紧扣"四节一环保"方面的主要内容见表 3-1。一方面,通过培训不断提高从业人员的绿色意识、节能意识和环保意识;另一方面,从"四节一环保"的具体工作内容切入,培训具有针对性的相关政策、法规、规范标准等,提高其在从业过程中的绿色管理和监督的能力水平,以实现工程建设项目实施期间的绿色管理目标。

表 3-1　建筑工程绿色监理人员专业化培训内容

类别	序号	名称	备注
国家层面的法规、政策	1-1	《中华人民共和国节约能源法》	
	1-2	民用建筑节能条例	
	1-3	关于加快推进太阳能光电建筑应用的实施意见	财政部、建设部
	1-4	加快推进农村地区可再生能源建筑应用的实施方案、可再生能源建筑应用城市示范实施方案	财政部、建设部
	1-5	关于加快推动我国绿色建筑发展的实施意见	财政部、建设部
	1-6	绿色建筑行动方案	国务院办公厅转发
	1-7	"十二五"绿色建筑和绿色生态城区发展规划	建设部
	1-8	促进绿色建材生产和应用行动方案	工信部、建设部

续表

类别	序号	名称	备注
国家层面相关的标准、规范	2-1	绿色施工导则	
	2-2	建筑工程绿色施工规范	
	2-3	建筑工程绿色施工评价标准	
	2-4	绿色建筑技术导则	建设部、科技部
	2-5	绿色建筑评价标准	
	2-6	绿色工业建筑评价标准	
	2-7	绿色办公建筑评价标准	
	2-8	绿色商店建筑评价标准	
	2-9	绿色医院建筑评价标准	
	2-10	绿色超高层建筑评价技术导则	
	2-11	绿色建筑检测标准	
	2-12	绿色生态城区评价标准	
	2-13	建筑施工场界噪声限值	
	2-14	建筑施工场界噪声测量方法	
	2-15	污水综合排放标准	
	2-16	污水排入城镇下水道水质标准	
	2-17	工程施工废弃物再生利用技术规范	
	2-18	防治城市扬尘污染技术规范	
	2-19	建筑工程生命周期可持续评价标准	

第4章　建筑工程绿色监理技术方法

第1节　概　述

绿色监理本身具有较强的专业性，如果没有一定的专业技术方法作为基础，是无法较好地完成绿色监理目标。技术方法不仅仅指专业技术，更重要的是适合技术方法的执行路线或执行程序，只有在适合技术方法的执行路线的指导下，绿色监理的专业技术才能更好地发挥效益，取得较好的监理效果，才能更好地维护业主、承包商的利益。

4.1.1　勘察设计阶段绿色监理技术方法概述

建筑工程绿色监理单位可以根据监理合同约定的相关服务范围，开展相关服务工作。根据我国目前的工程建设体制，监理单位一般在施工图完成之后、招标之前介入工程，但是如果监理合同有约定，监理也可以开展勘察设计阶段或运营阶段的监理服务。

对绿色监理而言，前述章节里讲过，可以单独委托绿色监理单位，也可以由工程监理单位兼职承担绿色监理任务。因此，勘察设计阶段的绿色监理技术服务，可以参照工程监理勘察设计阶段的技术服务内容，也可以完全与工程监理单位勘察设计阶段的工程技术服务相融合。这里仅对勘察设计阶段绿色监理的主要内容和技术方法进行初步探讨，不做深入研究。

（1）围绕"四节一环保"的要求，对涉及绿色设计的相关要求和内容，参与协助建设单位编制工程勘察设计任务书，选择工程勘察设计单位，并协助签订工程勘察设计合同。

（2）围绕"四节一环保"的要求，对涉及绿色设计的相关要求和内容，参与协调工程勘察设计与施工单位之间的关系，保障工程正常进行。

（3）围绕"四节一环保"的要求，对涉及绿色设计的相关要求和内容，参与审查设计单位提交的设计成果,并参与编制评估报告,重点是对绿色设计的意见和落实"四节一环保"的设计措施的内容。

(4)围绕"四节一环保"的要求,参与审查设计单位提出的新材料、新工艺、新技术、新设备,检查其通过相关部门评审备案的情况,必要时应协助建设单位组织专家评审。

(5)围绕"四节一环保"的要求,参与并协助建设单位组织专家对设计成果进行评审,重点关注"绿色设计"的落实措施情况。

4.1.2 施工准备阶段绿色监理技术方法概述

根据目前我国的基本建设程序,监理单位一般在施工图完成之后、招标之前介入工程。建设项目绿色监理全过程的技术方法程序概况,如图4-1所示。

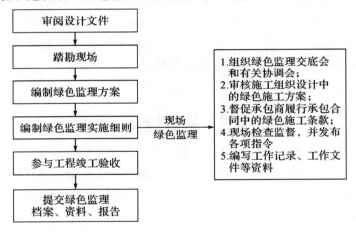

图 4-1 绿色监理全过程的技术方法

施工准备阶段的绿色监理工作,是绿色监理工作开展的重要环节,对其能否有效开展事前监理、主动监理起着重要作用。首先,绿色监理工程师踏勘现场、审核施工图,弥补其存在的绿色建筑缺陷,从源头避免绿色监理被动局面的产生,提高绿色监理的主动性,减少事后监理出现的可能性;其次,参与业主的招投标,选择绿色建筑业绩好、绿色施工管理经验丰富的施工单位,从绿色施工的具体实施操作层面上保证绿色监理过程的顺利开展;最后,在施工承包合同书中增加一些绿色施工的具体性条款,增加绿色监理工作的可操作性,提高绿色监理的实施效果。准备阶段的绿色监理技术方法程序如图4-2所示。

施工准备阶段绿色监理的工作重点,主要包括:

(1)检查施工单位是否建立了绿色施工管理体系并制定了相应的管理制度

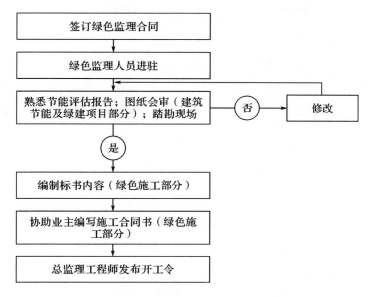

图 4-2 准备阶段绿色监理工作实施程序

与目标,是否落实了绿色施工责任制并配备了专职绿色施工管理人员,还应督促施工单位检查各分包单位的绿色施工规章制度的建立情况。

(2)审查施工单位资质和与绿色施工有关的生产许可证是否合法有效,审查项目经理和专职绿色施工管理人员是否具备合法资格,是否与投标文件相一致,审核特种作业人员的特种作业操作资格证书是否合法有效。

(3)审查施工单位在施工组织设计中是否编订了独立成章的绿色施工方案,施工的内容是否符合相关规定和标准规范的要求,审核施工单位绿色施工应急救援预案和绿色施工费用使用计划等。

具体内容将在后续章节里详细论述。

4.1.3 施工阶段绿色监理技术方法概述

施工阶段的绿色监理工作,需要积极进行事前、事中监理,避免事后监理。绿色监理要在各分部分项工程开工前,严格审核承包商制定的绿色施工方案和措施,完善其不足;在绿色监理方案的落实过程中加强监督,增强绿色监理的实施效果。绿色施工监理技术方法程序如图 4-3 所示。

就施工阶段绿色监理的工作重点而言,主要包括:

(1)制定绿色施工监理控制节点评价内容和标准。

(2)监督施工单位按照施工组织设计中的绿色施工技术措施和专项施工方

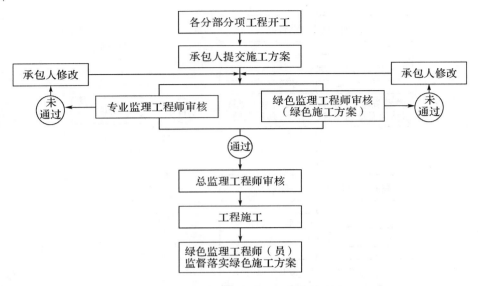

图 4-3　施工阶段绿色监理工作实施程序

案组织施工,及时制止违规施工作业。

(3)在施工过程实施动态管理,定期巡视,检查节水、节能、节地、节材与环境保护措施。

(4)核查施工现场主要施工设备是否符合绿色施工的要求。

(5)检查施工现场各种施工标志和绿色施工防护措施是否符合强制性标准要求。

(6)督促施工单位制定施工防尘、防毒、防辐射等职业危害的措施,督促施工单位在施工现场建立卫生急救保健防疫制度,在安全事故及疾病疫情出现时提供及时救助。

(7)督促施工单位结合工程项目的特点,有针对性地对绿色施工做相应的宣传,通过宣传营造绿色施工的范围。

(8)督促施工单位定期对职工进行绿色施工知识的培训,增强绿色施工意识。

(9)督促施工单位提供卫生、健康的工作与生活环境,加强对施工人员的住宿、膳食、饮用水等生活与环境卫生等的管理,显改善施工人员的生活条件。

具体内容将在后续章节里详细论述。

第 2 节　建筑工程绿色监理的现场管理手段

现场管理是绿色监理的重要环节,是绿色监理实施监理措施的重要途径。绿色监理的现场管理手段要科学合理,各手段之间相互配合,保证绿色监理措施得到有效的落实,使施工期绿色管理的目标得以完成。

4.2.1　督促建立绿色施工管理体系

《绿色施工导则》第 4 条"绿色施工要点"中,明确要求建立绿色施工管理体系,并制定相应的管理制度与目标,项目经理为绿色施工第一责任人,负责绿色施工的组织实施及目标实现,并指定绿色施工管理人员和监督人员。《绿色建筑评价标准》中"施工管理"控制项 9.1.1 条:"应建立绿色建筑项目施工管理体系和组织机构,并落实各级责任人。"《建筑工程绿色施工规范》的"基本规定" 3.1.4 中明确:"施工单位应建立以项目经理为第一责任人的绿色施工管理体系,制定绿色施工管理制度,负责绿色施工的组织实施,进行绿色施工教育培训,定期开展自检、联检和评价工作。"因此,对于绿色建筑的项目,项目绿色监理机构要督促承包单位建立完善的绿色施工管理体系,并制定相应的管理制度与管理目标。

项目绿色监理机构要审核承包商现场的绿色施工质量管理体系、绿色施工技术管理体系和质量保证体系。施工单位首先要进行自检,并填写自检记录,然后由项目绿色监理工程师进行检查,并做出检查结论。项目绿色监理机构重点审核以下内容:①项目的绿色施工管理目标;②项目绿色施工质量管理、绿色施工技术管理和质量保证的组织机构;③项目绿色施工质量管理的制度;④项目绿色施工人员的资格等。

4.2.2　审核绿色设计技术文件

《建筑工程绿色施工规范》中,要求设计单位应按国家现行有关标准和建设单位的要求进行工程绿色设计,应协助、支持、配合施工单位做好建筑工程绿色施工的有关设计工作。《绿色建筑评价标准》中"施工管理"控制项 9.1.4 条: "施工前应进行设计文件中绿色建筑重点内容的专项交底。"

1. 参与设计交底和图纸会审

项目绿色监理机构应熟悉建筑节能评估文件、民用建筑节能审查意见书、绿色建筑施工图设计文件审查报告等有关技术文件,并对绿色建筑项目节能设计文件与上述技术文件的符合性进行认真审核。同时,项目绿色监理人员还应参加设计交底和图纸会审工作。设计交底是指在施工图完成并经审查合格后,设计单位在设计文件交付施工时,按法律规定的义务就施工图设计文件向施工单位和监理单位做出详细说明。其目的是对施工单位和监理单位正确说明设计意图,使其加深对设计文件的特点、难点、疑点的理解,掌握关键工程部位的质量要求,确保工程质量。《绿色建筑评价标准》中"施工管理"控制项 9.2.9 条中,也明确要求进行绿色建筑重点内容专项交底。图纸会审是指承担施工阶段监理的监理单位组织施工单位以及建设单位以及材料与设备供货等相关单位,在收到审查合格的施工图设计文件后,在设计交底前进行的全面细致地熟悉和审查施工图纸的活动。其目的:一是使施工单位和各参建单位熟悉设计图纸,了解工程特点和设计意图,找出需要解决的技术难题,并制定解决方案;二是解决图纸中存在的问题,减少图纸的差错,将图纸中的质量隐患消灭在萌芽之中。

项目绿色监理工程师要重点熟悉建筑节能工程设计文件,理解其设计意图和重点、难点,掌握其关键部位的质量控制点;并认真审核与解决图纸中存在的问题,有可能的话应从绿化建筑的角度提出更好的优化方案。

2. 审查控制绿色设计变更

对建设项目而言,施工图文件均会出现由于建设单位要求或现场施工条件的变化或国家政策法规的改变等原因而引起的设计变更。设计变可能由设计单位提出,也可能由建设单位提出,还可能由承包单位提出,不论谁提出都必须征得建设单位的同意并且办理书面变更手续,凡涉及施工图审查内容的设计变更还必须报请原图审查机构审查后再批准实施。另外,《绿色建筑评价标准》中"施工管理"控制项 9.2.10 条:严格控制设计文件变更,避免出现降低建筑绿色性能的重大变更。

项目监理机构要严格审查建筑节能设计变更内容,绿色监理工程师及专业监理工程师要分别结合专业特点进行认真审核,并注意以下几点:

(1)当设计变更涉及降低绿色建筑等级时,应审查绿色建筑原施工图审查机构审查意见、原绿色建筑等级评审机构审查意见。

(2)应随时掌握政策法规、规范标准、技术规程的变化,以及有关材料或产品的淘汰或禁用,尤其是有关建筑节能、绿色建筑等,并及时共享,降低产生设计变更的潜在因素。

(3)对建设单位和承包单位提出的设计变更要求进行统筹考虑,确定其必要性,同时将设计变更的影响分析清楚并通报给建设单位,以尽量减少对工程的不利影响。

(4)严格控制设计变更的签批手续,以明确责任,减少索赔。

另外,若能在设计阶段介入,绿色监理机构应加强对设计阶段的质量控制,特别是项目绿色监理工程师应根据自己的经验对施工图设计文件进行审核,围绕"四节一环保",从源头上针对项目特点提出具有针对性的建议和方案,做到事前控制,力争将矛盾和差错解决在出图之前。

4.2.3　强化旁站、巡视等现场监督活动

项目监理人员应监督施工单位按照审查合格的绿色建筑设计文件、审批同意的绿色建筑工程专项施工方案,以及国家和地方现行法律法规、政策性文件、工程建设标准组织施工。

1. 旁站

所谓旁站,是指项目监理机构对工程的关键部位或关键工序的施工质量进行全过程的监督活动。在施工阶段,很多工程的质量问题是由于现场施工或操作不当或不符合规程、标准所致,有些施工操作不符合要求的工程,虽然表面看似乎影响不大,或外表面上看不出来,但却存在着潜在的质量隐患。只有通过现场监理人员的旁站监督和检查,才能发现问题,并得到控制。

项目监理人员应根据所监理的绿色建筑工程特点,在监理旁站方案中确定旁站的关键部位、关键工序,并应按监理旁站方案进行旁站,及时记录旁站情况。

2. 巡视

所谓巡视,是指监理人员在施工现场进行的定期或不定期的监督检查活动。巡视是一种"面"上的活动,它不限于某一部位或过程,而旁站则是"点"的活动,它是针对某一部位或工序。因此,施工过程中项目监理人员必须加强对现场巡视、旁站的监督,及时发现违章操作和不按设计要求、不按施工图纸或施工规范、规程或质量标准施工的现象,对不符合质量要求的要及时进行纠正和严格控制。

4.2.4　积极开展现场检查

1. 检查绿色建筑的"四节一环保"所采取的技术措施

项目监理人员应检查绿色建筑的"四节一环保"所采取的技术措施落实情

况,并做好检查记录。其主要检查内容为:

(1)节地与室外环境的土地利用、室外环境、交通设施与公共服务、场地设计与场地生态等方面所采取的技术措施的落实情况。

(2)节能与能源利用的建筑与围护结构、供暖通风与空调、照明与电气、能源综合利用等方面所采取的技术措施落实情况。

(3)节水与水资源利用的节水系统、节水器具与设备、非传统水源利用等方面所采取的技术措施落实情况。

(4)节材与材料资源利用的材料节约和利用等方面所采取的技术措施落实情况。

(5)室内环境的声环境、光环境与视野、热湿环境、空气质量等方面所采取的技术措施落实情况。

对不符合绿色建筑设计文件和有关工程建设标准要求的,应采用监理通知单等形式书面告知施工单位,并按《建设工程监理规范》(GB/T 50319—2013)的规定程序进行控制。

2. 检查绿色施工的"四节一环保"所采取的技术措施

项目监理人员应检查绿色施工的"四节一环保"所采取的技术措施落实情况,并做好检查记录。其主要检查内容为:

(1)施工管理体系和组织机构建立情况,环境保护计划、职业健康安全管理计划制定情况。

(2)在环境保护的资源保护、人员健康、扬尘控制、废气排放控制、建筑垃圾处置、污水排放、光污染、噪声控制等方面所采取的技术措施落实情况。

(3)在节材与材料资源利用的材料选择、材料节约、资源再生利用等方面所采取的技术措施落实情况。

(4)在节水与水资源利用的节约用水、水资源利用等方面所采取的技术措施落实情况。

(5)在节能与能源利用的临时用电设施、机械设备、临时设施、材料运输与施工等方面所采取的技术措施落实情况。

(6)在节地与土地资源保护的节约用地、保护用地等方面所采取的技术措施落实情况。

对不符合绿色建筑工程专项施工方案和有关工程建设标准要求的,应采用监理通知单等形式书面告知施工单位,并按《建设工程监理规范》(GB/T 50319—2013)的规定程序进行控制。

4.2.5　指令性文件

所谓指令文件,是监理工程师对施工承包单位提出指示或命令的书面文件,属于要求强制执行的文件。指令性文件是监理工程师运用指令控制权的形式,不但是一种常用的监理方法,而且是监理人员对工程施工实施控制和管理的不可缺少的手段。

一般情况下,监理工程师从全局利益和目标出发,在对某项施工作业或管理问题,经过充分调研、沟通和决策之后,要求承包人严格按照他的意图和主张实施工作。对此,承包人负有全面正确执行指令的责任,监理工程师负有监督指令实施效果的责任,因此,它是一种非常慎用而严肃的管理手段。监理工程师的各项指令都应是书面或者有文字记录方为有效,并作为技术文件资料存档,如果因时间紧迫,来不及做出正式的书面指令,也可以用口头指令的方法下达给承包单位,但随即应按合同规定,及时补充书面文件以对口头的指令予以确认。

指令性文件一般均以监理工程师通知的方式下达。项目绿色监理工程师在旁站、巡视等现场监督和检查过程中,发现承包商有违反绿色建筑“四节一环保”技术措施的,或者绿色施工行为有违反“四节一环保”技术措施的,可要求承包商立即进行整改,并通过监理通知单对整改内容、整改要求等做出具体要求。另外,指令性文件还包括一般管理文书,如监理工程师函、备忘录、会议纪要、发布的有关信息、通报等,主要是对承包商工作状态和行为,提出建议、希望和劝阻。不属于强制性的执行要求,仅供承包人自主决策参考。

4.2.6　绿色监理工作例会

项目监理机构应定期召开监理例会,组织有关单位研究解决工程建设相关问题。项目监理机构可根据工程需要,主持或参加专题会议,协调解决专项工程问题。监理例会、专题会议的会议纪要由项目监理机构负责整理,与会各方派代表会签,会议纪要应发放到有关各方,并有签收手续。

参加监理例会的应包含下列人员:①总监理工程师和有关监理人员;②施工单位的项目经理、技术负责人及有关专业负责人员;③建设单位代表;④根据会议议题的需要可邀请勘察单位、设计单位、分包单位及其他单位的有关人员参加。

监理例会应包括以下主要内容:①检查上次例会议定事项的落实情况,分析未完事项原因;②检查、分析工程项目进度计划完成情况,提出下一阶段进度目标及其落实措施;③检查、分析工程项目质量状况,针对存在的质量问题提出改进措施;④检查安全生产文明施工的实施情况,针对安全隐患和文明施工存在的问题提出整改意见;⑤检查工程量核定及工程款支付情况;⑥解决需要协调的有关事项;⑦提出下一步工作计划;⑧商讨其他有关事宜。

项目绿色监理机构可在例行的工程监理例会上增加有关"绿色管理"的专项内容,协调解决项目建设中的绿色管理问题。围绕"四节一环保"增加相应的内容:①检查、分析工程项目落实"四节一环保"的状况,针对存在的问题提出改进措施;②围绕"四节一环保"解决需要协调的有关事项;③提出下一步绿色管理及施工的计划。

第3节   建筑工程绿色监理的技术手段

绿色监理的技术手段是绿色监理工作正确开展的指南,能够使绿色监理工作更加科学、高效。因此,绿色监理要积极运用可利用的新技术,促进承包商绿色施工行为的实施。绿色监理的技术手段包括编制技术文件和实施技术检测。

4.3.1   编制技术文件

1. 编制绿色监理规划

(1)监理规划

所谓监理规划,是项目监理机构全面开展建设工程监理工作的指导性文件,是在项目总监理工程师和项目监理机构充分分析和研究建设工程的目标、技术、管理、环境以及参与工程建设的各方等方面的情况后制定的。监理规划若要真正起到指导项目监理机构进行监理工作的作用,就应当明确具体的、符合该工程要求的工作内容、工作方法、监理措施、工作程序和工作制度,并应具有可操作性。

项目监理机构应在签订建设工程监理合同及收到工程设计文件后编制监理规划,在召开第一次工地会议前报送建设单位。监理规划应在总监理工程师主持下,组织专业监理工程师编制,报监理单位技术负责人批准,经建设单位项目负责人确认后实施。

(2)绿色监理规划的主要内容

实施绿色监理时,项目监理机构应先编写绿色建筑监理规划,指导项目监理部在绿色建筑工程中的监理工作。绿色建筑监理规划或监理规划专篇应包括以下主要内容:

①绿色建筑监理的目标与依据；

②绿色建筑监理的范围和内容；

③绿色建筑监理工作的制度与程序；

④绿色监理人员的配备计划及职责；

⑤绿色建筑监理的重点及措施，具体包含节能、节地、节水、节材、保护环境和减少污染等方面的监理控制措施和内容。

（3）绿色监理规划的编制和审批

实施绿色监理的建筑项目时，项目监理机构应在编制监理规划时将绿色监理的内容单独成章编写，或者单独编制绿色监理规划，如图 4-4 所示。其编制程序如图 4-5 所示。

图 4-4　绿色监理规划的编制形式

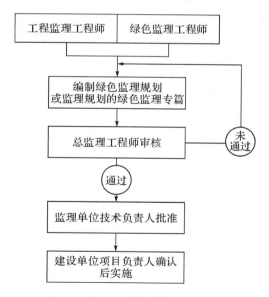

图 4-5　绿色监理规划的编制程序

2. 编制绿色监理实施细则

（1）监理实施细则

所谓监理实施细则，简称监理细则，是针对某一专业或某一方面建设工程监理工作的操作性文件，是在监理规划的基础上，由项目监理机构的专业监理

工程师针对建设工程中某一专业或某一方面的建设工作编写,并经总监理工程师批准实施的操作性文件

（2）绿色监理实施细则的主要内容

实施绿色监理时,项目监理机构应先编制绿色监理实施细则。绿色监理实施细则应符合监理规划的要求,应补充说明绿色监理规划中未详细说明的内容,并针对项目特点,对绿色建筑监理的重点和难点提出具体的监督方法及措施,且应具有可操作性。绿色监理实施细则应包括以下内容:

①项目绿色建筑的特点,尤其是各专业工程"四节一环保"的特点;

②绿色建筑监理的工作流程;

③绿色建筑监理工作控制要点及目标值;

④绿色建筑监理的工作方法和措施;

⑤对绿色建筑和绿色施工所采取的技术措施的检查方案。

（3）绿色监理实施细则编制和审批

项目绿色监理机构结合绿色建筑项目的特点,在绿色建筑施工开始前由专业监理工程师或绿色监理工程师组织编制绿色建筑工程专项监理实施细则,报总监理工程师审批。在工程实施过程中,绿色监理实施细则应根据实际情况进行修改和完善,如图4-6所示。

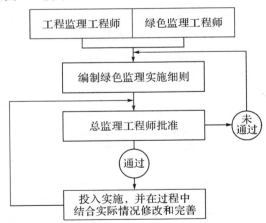

图4-6　绿色监理实施细则的编制程序

3. 指导编制、审查绿色施工方案

（1）绿色施工

所谓绿色施工,是指工程建设中,在保证质量、安全等基本要求的前提下,通过科学管理和技术进步,最大限度地节约资源与减少对环境负面影响的施工

活动,实现"四节一环保"(节能、节地、节水、节材和环境保护)。

绿色施工方案,是绿色建筑实体形成的起点;施工阶段各过程的控制要点和方案均形成于此。方案中应确保有施工过程绿色化和竣工建筑实体绿色化的相关内容的阐述。

(2)绿色施工方案的主要内容

《绿色建筑评价标准》的"施工管理"中,"控制项"要求施工项目部应制定全过程的环境保护计划,应制定施工人员职业健康安全管理计划;在"评分项"中,要求制定并实施施工废弃物减量化、资源化计划,施工节能和用能方案,施工节水和用水方案等。《建筑工程绿色施工规范》基本规定第 3.1.4 条,施工单位的职责中,绿色施工组织设计、绿色施工方案或绿色施工专项方案编制前,应进行绿色施工影响因素分析,并据此制定实施对策和绿色施工评价方案。

针对施工单位编制的绿色施工方案,项目监理机构应重点审查绿色建筑工程专项施工方案的以下内容:

①项目概况综述。主要包括工程地点、工程特点(包含土石方与地基工程、基础及主体结构工程、建筑装饰装修工程、建筑保温及防水工程、机电安装工程、拆除工程)、施工环境、工程参建单位等。

②绿色施工方案的编制依据。

③绿色建筑建设目标、施工目标。

④项目绿色施工管理组织机构及职责。

⑤绿色建筑技术措施。应包括节地与室外环境、节能与能源利用、节水与水资源利用、节材与材料资源利用、室内环境五个方面所采用的技术措施。

⑥绿色施工技术措施。应包括施工管理、节地与土地资源保护、节能与能源利用、节水与水资源利用、节材与材料资源利用、环境保护六个方面所采用的技术措施。

⑦绿色建筑、绿色施工的资料管理等。

施工单位编制的绿色施工组织设计、绿色施工方案或绿色施工专项方案应符合下列规定:

  • 应考虑施工现场的自然与人文环境特点。
  • 应有减少资源浪费和环境污染的措施。
  • 应明确绿色施工组织管理体系、技术要求和措施。
  • 应选用先进的产品、技术、装备、施工工艺和方法,利用规划区域内设施。
  • 应包含改善作业条件、降低劳动强度、节约人力资源等内容。

(3)绿色施工方案的编制和审批

项目实施绿色施工,项目绿色施工管理机构应在编制施工组织设计时将绿色施工的内容单独成章编写,或者单独编制绿色施工方案。如图 4-7 所示。

$$\text{绿色施工方案} \atop \text{编制形式} \begin{cases} \text{施工组织设计中增加绿色施工专篇} \\ \\ \text{单独编制绿色施工方案} \end{cases}$$

图 4-7　绿色施工方案的编制形式

项目监理机构应审查施工单位报审的绿色建筑工程专项施工方案,并签署审查意见。符合要求的应由总监理工程师签字后报建设单位。项目监理机构应要求施工单位按照已批准的绿色建筑工程专项施工方案施工。绿色建筑工程专项施工方案需要调整的,项目监理机构应按规定程序重新审查。

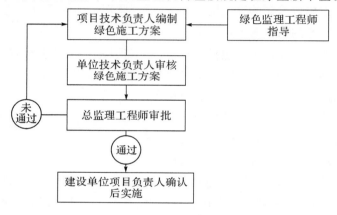

图 4-8　绿色施工方案的编制程序

4. 编制绿色监理月报

所谓监理月报,是指项目监理机构每月向建设单位提交的建设工程监理工作及建设工程实施情况分析总结报告。监理月报的具体内容主要有:

(1)本月工程实施概况,包括:①工程进展情况,实际进度与计划进度的比较,施工单位人、机、料进场及使用情况;②工程质量情况,分项分部工程验收情况,材料、构配件、设备进场检验情况,主要施工试验情况,本期工程质量分析;③施工单位安全生产管理工作评述;④已完成工程量与已付工程款的统计及说明。

(2)本月监理工作情况,包括:①工程进度控制、质量控制、安全监理方面的工作情况;②工程计量与工程款支付方面的工作情况;③合同其他事项的管理工作情况;④监理工作统计。

　　(3)本月工程实施的主要问题分析及处理情况,包括:①工程进度控制、质量控制、安全生产管理等方面的主要问题分析及处理情况;②工程计量与工程款支付方面的主要问题分析及处理情况;③合同其他事项管理方面的主要问题分析及处理情况。

　　(4)下月监理工作的重点,包括:①在工程管理方面的监理工作重点;②在项目监理机构内部管理方面的工作重点;③有关工程的建议。

　　(5)工程相关照片,包括:①本期施工部位的工程照片;②本期监理工作照片。

　　项目绿色监理机构应每月总结施工现场开展绿色施工的情况,并写入监理月报,向建设单位报告;或者针对施工项目部的绿色施工状况和对监理指令的执行情况,总监理工程师认为有必要的,可单独编制绿色施工监理专题报告,报送建设单位。如图 4-9 所示。

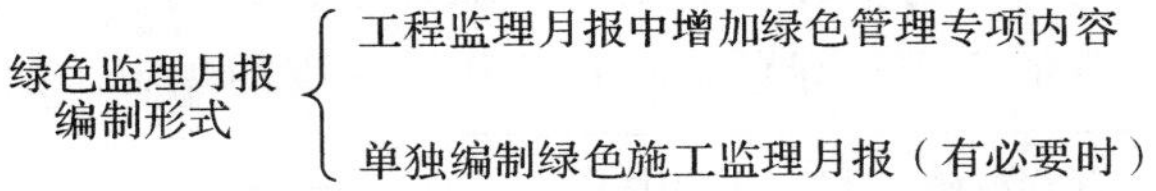

绿色监理月报
编制形式
{
工程监理月报中增加绿色管理专项内容

单独编制绿色施工监理月报(有必要时)
}

图 4-9　绿色监理月报的编制形式

　　绿色监理月报主要包括当月绿色施工、绿色监理实施情况及相关照片,以及存在的问题及处理情况,下月绿色监理工作重点及有关建议。具体如图 4-10所示。

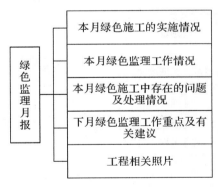

图 4-10　绿色监理月报的内容

5. 编制绿色监理总结

　　绿色监理工作总结应经总监理工程师签字后报监理单位。绿色监理总结应包括下列主要内容:①工程概况;②项目绿色监理机构情况;③建设工程监理合同(绿色监理条款)履行情况;④绿色监理工作成效;⑤绿色监理工作中发现的问题及处理情况;⑥建议和说明。

4.3.2 实施技术检测

1. 材料进场检测

项目监理机构指导施工单位编制材料计划,促进材料的合理使用,要求施工单位优化施工方案,尽可能选用绿色、环保材料,即绿色建材。绿色建材是指在全生命期内能减少对自然资源消耗和生态环境影响的,具有"节能、减排、安全、便利和可循环"特征的建材产品。

监理工程师(绿色监理工程师、工程监理工程师)应该核查施工单位报送的用于工程的材料、设备、构配件的质量证明文件,并按照有关规定和监理合同约定对用于工程的材料进行抽样复验及见证取样送检,材料、构配件、设备应符合绿色建筑设计文件的要求和绿色建筑相关建设标准的规定。如图 4-11 所示。

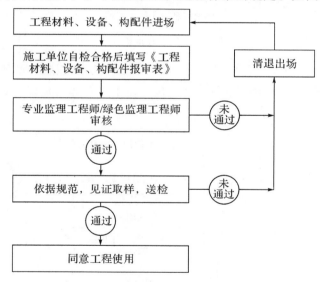

图 4-11 材料进场检测程序

对未经监理人员验收或验收不合格的工程材料、设备、构配件,监理人员不得签署合格意见,同时应签发监理通知,书面通知施工单位在限期内将不合格的工程材料、设备、构配件撤出现场,已用于工程的应予以处理,并做好相关的记录。

2．平行检验

所谓平行检验,是监理工程师利用一定的检查或监测手段在承包单位自检的基础上,按照一定的比例独立进行检查或检测的活动。它是监理工程师进行质量控制的一种重要手段,在技术复核及复验工作中采用,是监理工程师对施工质量进行验收、做出自己独立判断的重要依据之一。

项目监理机构应根据工程特点、专业要求以及建设工程监理合同约定,按《建设工程监理规范》(GB/T 50319—2013)等相关标准的规定,对绿色建筑工程的施工质量进行平行检验。尤其是对于与项目绿色建筑品质紧密相关的建筑节能工程,项目绿色监理机构更要对其质量进行平行检测。

3．实体功能检验

对于与绿色建筑品质或星级等级紧密相关的实体工程,项目绿色监理机构应要求施工单位进行实体功能检验,并在施工单位自检的基础上,进行抽验。

实体功能检验项目主要包括墙体节能工程、门窗节能工程、系统节能功能三方面。每个方面涉及的具体项目,我们将在第 6 章中论述。

4．环境保护监测

(1)噪声监测

《绿色建筑评价标准》中"施工管理"第 9.2.2 条:"采取有效的降噪措施,在施工场界测量并记录噪声,满足现行国家标准《建筑施工场界环境噪声排放标准》(GB 12523—2011)的规定。"《建筑工程绿色施工规范》第 3.3.2 条,也要求施工场界环境噪声排放昼间不应超过 70dB(A),夜间不应超过 55dB(A);施工过程中应使用低噪音、低振动的施工设备或机具,采取隔音与隔振措施;施工车辆进出现场,不宜鸣笛。

《建筑施工场界环境噪声排放标准》(GB 12523—2011)是由国家环境保护部和国家质量监督检验检疫总局于 2011 年 12 月 5 日联合发布,2012 年 7 月 1 日实施,是为贯彻《中华人民共和国环境保护法》和《中华人民共和国环境噪声污染防治法》,防治建筑施工噪声污染,改善声环境质量而制定的,是对《建筑施工场界噪声限值》(GB 12523—1990)和《建筑施工场界噪声测量方法》(GB 12524—1990)的第一次修订。

《建筑施工场界环境噪声排放标准》(GB 12523—2011)规定了建筑施工场界环境噪声排放限值及测量方法,适用于周围有噪声敏感建筑物时的建筑施工噪声排放管理、评价及控制,市政、通信、交通、水利等其他类型的施工噪声排放也可参照本标准执行。但不适用于抢修、抢险过程中产生噪声的排放监管。

该标准规定建筑施工过程中施工场界环境噪声排放不得超过昼间70dB(A)和夜间55dB(A)的限制,夜间噪声最大声级超过限制的幅度不得高于15dB(A)。噪声取值为测量连续 20 分钟的等效声级,也同时测量最大声级。根据施工场地周围噪声敏感建筑物位置和声源位置的布局,测点应设在对噪声敏感建筑物影响较大、与其距离较近的位置,其一般规定如表 4-1 所示。为了确保精度,标准对仪器校准、测试天气、背景噪声修正、测试记录等都有明确规定。

表 4-1　施工场界噪声测量测点设置

序号	场地条件	测点设置
1	一般情况下	测点应设在建筑施工场界外 1m,高度 1.2m 以上的位置
2	场界有围墙且周围有噪声敏感建筑物时	测点应设在场界外 1m,高于围墙 0.5m 以上的位置,且位于施工噪声影响的声照射区域
3	场界无法测量到声源的实际排放,如声源位于高空、场界有声屏障、噪声敏感建筑物高于场界围墙等情况	测点可设在噪声敏感建筑物户外 1m 处的位置
4	在噪声敏感建筑物室内测量时	测点设在室内中央,距室内任一反射面 0.5m 以上,距地面 1.2m 以上的位置,在受噪声影响方向的窗户开启状态下测量

因此,绿色监理人员应依据《绿色建筑评价标准》(GB/T 50378—2014)、《建筑工程绿色施工规范》(GB/T 50905—2014)和《建筑施工场界环境噪声排放标准》(GB 12523—2011)的相关规定,积极开展施工场界噪声监测,控制建筑工程施工过程中的噪声。

(2)水环境监测

《绿色施工导则》要求施工现场污水排放应达到《污水综合排放标准》(GB8978—2002)的要求,但是该标准已废止;并规定施工现场针对不同的污水设置相应的处理设施,污水排放应委托有资质的单位进行废水水质检测。《建筑工程绿色施工规范》(GB/T 50905—2014)第 3.3.4 条规定,污水排放应符合现行行业标准《污水排入城镇下水道水质标准》(CJ343—2010)的有关要求。

《污水排入城镇下水道水质标准》(CJ 343—2010)由住房城乡建设部于2010 年 7 月发布,2011 年 1 月实施,是对《污水排入城市下水道水质标准》(CJ 3082—1999)的修订,适用于向城镇下水道排放污水的排水户。该标准规定了排入城市下水道污水中的 35 种有害物质的最高允许浓度,有害物质的测定方法依据本标准的规范性应用文件执行。对于水质标准,根据城镇下水道末端污水处理厂的处理速度,将 46 个控制项目分为 A、B、C 三个等级,即下水道末端污水处理厂采用再生处理时应符合 A 级的规定;采用二级处理时应符合 B 级的规定;采用一级处理时应符合 C 级的规定;无污水处理设施时排放的污水水质不得低于 C 级的要求,应根据污水的最终去向,执行国家现行污水排放标准。该标准规定的总汞、总镉、铬等九个项目以车间或车间处理设施的排水口抽检浓度为准,其他控制项目以排水户排水口的抽检浓度为准。

因此,建筑工程绿色监理单位应要求承包商在施工现场针对不同的污水,设置相应的处理设施,如沉淀池、隔油池、化粪池等。对于化学品等有毒材料、油料的储存地,应有严格的隔水层设计,做好渗漏液收集和处理;并委托有资质的单位对施工现场污水排放进行废水水质检测,提供相应的污水检测报告,施工现场污水排放应达到国家标准《污水排入城镇下水道水质标准》(CJ343—2010)的要求。

(3)扬尘监测

《绿色施工导则》第 4.2.1 条中规定:"土方作业阶段,采取洒水、覆盖等措施,达到作业区目测扬尘高度小于 1.5m;结构施工、安装装饰装修阶段,作业区目测扬尘高度小于 0.5m;在场界四周隔挡高度位置测得的大气总悬浮颗粒物(TSP)月平均浓度与城市背景值的差值不大于 0.08mg/m^3。"《建筑工程绿色施工规范》(GB/T 50905—2014)第 3.3.1 条规定,施工现场扬尘控制应符合下列规定:①施工现场宜搭设封闭式垃圾站;②细散颗粒材料、易扬尘材料应封闭堆放、存储和运输;③施工现场出口应设冲洗池,施工场地、道路应采取定期洒水抑尘措施;④土石方作业区内扬尘目测高度应小于 1.5m,结构施工、安装、装饰装修阶段目测扬尘高度应小于 0.5m,不得扩散到作业区域外;⑤施工现场使用的热水锅炉等应使用清洁燃料,不得在施工现场融化沥青或焚烧油毡、油漆以及其他会产生有毒有害烟尘和恶臭气体的物质。

建筑工程施工防治扬尘污染要依据《防治城市扬尘污染技术规范》(HJ/T 393—2007),该规范是国家环境保护总局于 2007 年 11 月 21 日发布,2008 年 2 月 1 日实施的,编制目的是为了防治城市扬尘污染,改善环境质量。该规范规定了城市防治各类扬尘污染的基本原则和主要措施、道路积尘负荷的采样方法和限定标准。其适用于城市规划区内各类施工工地、路面铺装、广场及停车场,各类露天堆场、货场及采矿石场等场所的生活生产活动产生的扬尘的污染防治。对施工工地产生的扬尘污染防治,在第 5 章做了详细规定。新建、改建和扩建工程施工场所扬尘污染防治的主要内容包括施工围挡、围栏及防溢座的设置,土方工程防尘措施,建筑材料的防尘管理措施,建筑垃圾的防尘管理措施等。该规范还规定了拆迁施工场地污染防治、修缮,装饰灯施工场所扬尘污染防治。

对施工扬尘污染防治,建筑工程绿色监理单位应按照《建筑工程绿色施工规范》和《防治城市扬尘污染技术规范》等标准的要求,督促承包商按照土方与基础施工阶段、主体结构阶段、装饰装修等施工典型阶段进行技术防控,如采取洒水、覆盖等措施,建立施工现场扬尘浓度的实时监测和预警系统和扬尘排放控制的评价指标体系。

第4节 建筑工程绿色监理其他管理手段探讨

4.4.1 关于绿色监理经济手段的探讨

1. 关于"支付控制"的探讨

所谓支付控制权,就是对施工承包单位支付任何工程款项,均需由总监理工程师审核签认支付证明书,没有总监理工程师签署的支付证明书,建设单位不得向承包单位支付工程款。工程款支付的条件之一就是工程质量要达到规定的要求和标准。如果承包单位的工程质量达不到要求的标准,监理工程师有权采取拒绝签署支付证书的手段,停止对承包单位支付部分或全部工程款,由此造成的损失由承包单位负责。显然,这是十分有效的控制约束手段。支付控制手段是国际上比较通用的一种重要的控制手段,也是建设单位或合同中赋予监理工程师的支付控制权。

为了加强绿色监理的实施效果,可赋予绿色监理机构支付控制权。尤其是对单独承担绿色监理的项目,工程款的支付应由工程监理负责人和绿色监理负责人进行会签,两者缺一不可;对于由工程监理承担绿色监理工作的项目,则相对容易进行支付控制。

对于建设项目中与绿色建筑星级评定紧密相关的建筑节能实体工程,应由项目专业监理工程师和绿色监理工程师共同对项目节能实体工程质量进行签认,承包单位填写"进度款支付报审表",由专业监理工程师和绿色监理工程师进行审核后,呈总监理工程师审核,最后由建设单位项目负责人进行审批,审核过程中若出现异议应与承包商进行沟通协商。项目施工期应该由承包商所采取的绿色施工技术措施进行监督控制,也应赋予绿色监理一定的支付控制权。项目监理工程师对工程质量进行签认后,承包单位填写"进度款支付报审表",专业监理工程师进行审核,同时由绿色监理工程师签署承包商落实绿色施工措施的意见,呈总监理工程师进行审核,最后由建设单位项目负责人进行审批。绿色监理工程师对承包商落实绿色施工技术措施有异议的,可采取相应的惩罚性措施。具体支付控制程序如图 4-12 所示。

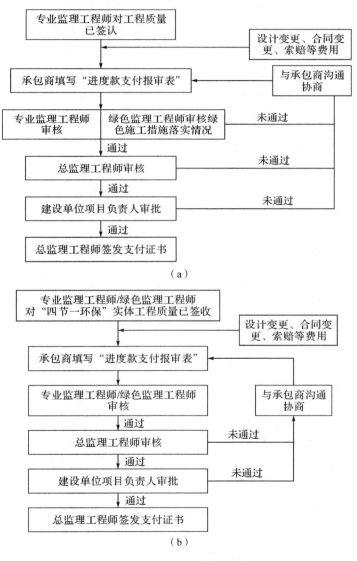

图 4-12　绿色监理支付控制程序

赋予绿色监理工程师一定的支付控制权,一定程度上能更好地实现建筑工程的绿色管理目标。但是,对赋予支付控制权的绿色监理人员要有一定的监督和约束,让绿色监理人员拥有支付控制的权利的同时,也要其承担相应的责任。

2. 关于"经济处罚"的探讨

罚款也是绿色监理工程师进行监理的有效手段之一,罚款属于事后监理措施,是对承包商污染或者破坏沿线环境的施工行为的惩罚。罚款的积极作用在于对承包商以后的施工行为的限制和环保措施的落实能起到预防作用。

由于承包商不按照"四节一环保"要求施工,造成环境污染或破坏,并对工程建设区域的居民和生态环境产生损害的,要对产生污染或破坏的承包商进行罚款,并要求其赔偿相应损失。对环境造成重大影响者,要对责任人和责任单位进行重罚。

3. 关于"绿色施工保证金"的探讨

保证金是从事某项活动前交纳的一定数量的资金,若按要求完成任务,则保证金全部返还,否则保证金不返还。保证金是一种行之有效的经济手段。

围绕"四节一环保"的主要内容,对于一些环境因素比较敏感,或者影响比较大的建设项目,在承包商开工之前,是否可以探讨要求承包商交纳部分环境保证金,或者在工程预付款里扣除一部分作为绿色施工保证金。若承包商严格按照绿色施工的要求落实环保措施,将施工行为对环境的影响降至最低,并采取了积极的生态恢复措施,那么在绿色监理工程师签字认可,保证金可全部返还。否则,绿色施工保证金,将用于雇用其他单位来对破坏的生态环境进行生态恢复。

实施绿色施工保证金措施的关键在于确定绿色施工保证金的数量,比例过高承包商接受不了,过低则起不到对承包商的制约作用,造成建筑项目施工期环境保护的效果不理想。

4. 关于"绿色施工保留金"的探讨

保留金是业主为了使承包商履行合同而在承包人应得款中扣除的部分金额。一旦承包商未履行合同中的责任,则保留金归业主所有,业主可用此金额雇用其他承包人完成工程,保留金的数额及扣留标准在合同中应给予明确。

业主可以将一定比例的工程进度款作为承包商落实"四节一环保"的专项保留金。工程竣工验收时,建设单位组织绿色监理工程师对承包商施工期"四节一环保"措施的落实状况进行测评。测评的依据是项目施工期各标段落实"四节一环保"措施的施工月检记录、承包商对绿色监理控制指标的落实程度、绿色监理的抽检结果等；另外，还要检查承包商生态恢复措施的落实。测评结果由总监理工程师签字生效。绿色施工保留金分两次支付，工程移交证书签发后支付绿色施工保留金的一半，缺陷责任终止证书签发后支付另一半。

同样，绿色施工保留金措施的实施关键是确定绿色施工保留金占工程进度款的合理比例。过高则影响工程的建设，过低则实施"四节一环保"的效果不理想。另外，还需要建立一套科学合理的测评标准，使绿色施工保留金真正成为绿色监理机构控制承包商进行绿色施工的手段，起到节能、节地、节水、节材和环境保护的效果。

以上"绿色施工保证金"和"绿色施工保留金"比较适合落实施工期环境保护措施，而对促进"节地、节材、节水、节能"等措施的落实，则操作性不强。

4.4.2　关于将"公众参与"引入绿色监理的探讨

1. 公众参与的概念

（1）公众

"公众"是指一个或一个以上的自然人或者法人，根据各国的立法和实践，还包括他们的协会、组织或团体。世界银行对公众的定义包括以下三类：其一，受项目直接影响或间接影响的群体和个人；其二，各利益相关方，即预期将获得收益或承担风险的群体和个人；其三，其他感兴趣的个人或团体。

（2）公众参与

从社会学角度讲，公众参与是指社会群众、社会组织、单位或个人作为主体，在其权利义务范围内进行有目的的社会行动。一般认为，公众参与制度是指在环境保护领域里，公民有权通过一定途径或程序参与环境利益相关的决策活动，使得该项决策符合广大公民的切身利益。

（3）绿色监理的公众参与

建设项目绿色监理引入公众参与是指绿色监理、公众、承包商采取一种双向沟通与交流的方式，使建设项目施工区域或施工沿线的公众、团体、单位等具有环境参与能力，并在绿色监理的引导下，采取合法的方式，有限度地对承包商的施工行为进行监督，使自己合法的环境权益得到充分保证的一种途径。公众参与促进了绿色监理实施的效果。

4.2.2　绿色监理引入公众参与的必要性

（1）是施工期环境保护的有效措施

公众参与环境保护是加强环境保护的重要手段，目前公众参与主要是在建设前期进行,在环境影响评价报告书中,公众参与是重要组成部分,而在项目施工期,公众参与环境保护的工作却没有得到重视。公众参与施工期环境保护,能够监督承包商的施工行为,促使承包商落实施工期环保措施,及时为绿色监理工程师提供信息,加强绿色监理的实施效果,有利于绿色监理工程师开展事前主动监理,形成施工期环境保护的综合管理体制。

(2)是绿色监理有效实施的重要措施

公众对于建设项目施工期的环境状况和环境影响是很关注的,绿色监理应把公众参与建设项目施工期环境管理引入绿色监理的实施过程中,探索公众参与施工期环境管理、环境保护的内容、方法,使施工沿线的公众依据有关法律、法规等,通过一定的方式、途径,合法有效地参与建设项目施工期环境保护活动,行使和保护其环境权益。将公众参与建设施工期环境保护同绿色监理的其他方面有机结合起来,成为绿色监理的有效手段。

(3)是公众环保意识提高的有效途径

公众参与建设项目施工期环境保护在提高公众环境意识方面能起到相当大的促进作用。通过对建设项目施工期环境影响的关注和环境保护工作的参与,提高公众对环境保护重要性的认识。同时,对向更为广泛的公众群体宣传和普及环保知识,端正其环境观念,规范其环境行为,提高全民的环境意识和环境素质有着重要的教育和实践作用。

(4)是建设工程顺利实施的有力保障

当公众的环境利益受到损害时,如果他们不能通过有效的途径解决,就只能采取比较极端的手段阻挡工程施工。如施工运料车辆噪声、扬尘严重影响了周边居民正常的生产生活,沿线居民只得采取设置路障,严禁施工车辆通行的方法阻止施工,这严重影响了工程施工。因此,有效地引入公众参与施工期环境保护,不但不会阻碍工程施工,反而会有助于工程的顺利实施。

3. 绿色监理引入公众参与的实施

(1)公众参与的信息知情

公众对环境信息的知情是公众参与施工期环境保护的前提,也是公众参与的权利保障。公众参与项目施工期环境保护时可获得信息的途径有多种:

①通过公众代表以多种形式向公众发布项目建设及环境状况的信息。

②在承包商、公众、绿色监理之间建立电话热线,公众可以通过电话热线对项目施工的具体情况进行咨询。

③对于一些环境因素比较敏感,影响比较大的建设项目,绿色监理工程师

可进行公众接待,详细回答公众提出的有关施工期环境保护的相关问题。

公众获取信息的内容应包括:环境污染造成的危害,环境污染与破坏的标志,国家的环保法律法规及环境标准,沿线环境敏感点等,绿色监理工程师对环境质量状况的监测数据,承包商对施工区域或沿线公众可能产生的影响拟采取的措施等。

(2)公众参与的途径

①现场调查。绿色监理工程师应该根据工程进度,有计划地对沿线公众进行访问调查。访问调查内容分为两部分:一是从敏感点村庄公众维护其环境权益的角度出发,调查公众对施工造成的环境影响的态度,为制定有效的环保措施、方案提供信息;二是由绿色监理工程师绘出敏感点村庄和线路的相对位置图,根据承包商的施工进度找出环境污染的根本原因,为制定有效的环保措施提供依据。

②建立畅通的沟通渠道。建立畅通的信息沟通渠道既是公众参与的有效手段,也是公众参与建设项目施工期环境管理的保障,承包商、绿色监理工程师应与公众建立有效的沟通渠道,如电话热线、设置意见箱、绿色监理工程师设立公众接待日等,使得公众、承包商和绿色监理工程师之间的环境保护信息渠道通畅。如图 4-13 所示。

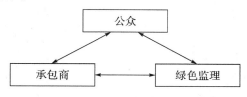

图 4-13　公众参与施工期环境保护沟通

③公众借助新闻媒体。正确引导公众参与到施工期环境保护中来,充分发挥舆论宣传的作用。使公众从维护自己的环境利益出发,对严重的污染事件进行举报、新闻媒体曝光,督促承包商积极采取有效措施,使破坏环境的行为得到有效遏制或环境污染事故得到有效解决。

④环境破坏行为的有奖举报。公众积极参与建设项目施工期的环境保护的行为,很大程度上是为了维护自己的环境利益。对与自己利益不太相关的承包商破坏环境的行为,如施工破坏文物、破坏珍稀动植物、破坏自然保护区等,公众参与的积极性不是很高。因此,可探索建立有奖举报制度,以此来促使公众对承包商的此类环境破坏行为进行监督举报。

第5章 建筑工程绿色监理实务

第1节 概　述

5.1.1　建筑工程绿色管理的相关规范

1.《绿色建筑评价标准》及技术细则

《绿色建筑评价标准》(GB/T 50378—2006)是总结我国绿色建筑方面实践经验和研究成果,借鉴国际先进经验制定的第一部绿色建筑综合评价标准,确立了我国以"四节一环保"为核心内容的绿色建筑发展理念和评价体系,明确了绿色建筑的定义、评价指标和评价方法。随着我国绿色建筑的快速发展,绿色建筑的内涵和外延不断丰富,住房和城乡建设部2014年颁布实施了新版的《绿色建筑评价标准》(GB/T 50378—2014),于2015年1月1日起正式实施,具体框架内容如图5-1所示。

新颁布的绿色建筑评价标准,适用范围由住宅建筑以及公共建筑中的办公建筑、商场建筑和旅馆建筑,进一步扩展至民用建筑;明确规定了绿色建筑评价可分为"设计评价"和"运行评价";在评价指标体系的指标大类方面,增加了"施工管理"一级指标,在绿色建筑设计评价阶段可以预审相关内容,提醒业主和施工方注意施工过程的节能环保,在运行评价阶段可以检查施工过程留下的绿色"足迹";评价定级方法由原来的达标条文数量转变为量化评分定级。为了更好地指导绿色建筑评价工作,依据《绿色建筑评价标准》(GB/T 50378—2014)编制了《绿色建筑评价技术细则》(建科〔2015〕108号),并与其配合使用,为绿色建筑评价工作提供更为具体的技术指导。

另外,住房和城乡建设部还颁布实施了《绿色商店建筑评价标准》(GB/T 51100—2015)《绿色医院建筑评价标准》(GB/T 51153—2015),并编制了与上述标准配套使用的《绿色商店建筑评价标准实施指南》《绿色医院建筑评价标准

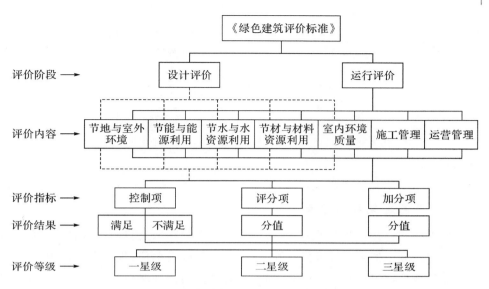

图 5-1　绿色建筑评价标准主要内容框架

实施指南》等技术性文件,提高了绿色建筑标准实施的效果。

2.《绿色施工导则》

住房城乡建设部于 2007 年发布了《绿色施工导则》,是我国推进绿色施工的指导原则。其确立了我国绿色施工的理念、原则和方法,共分六章,包括总则、绿色施工原则、绿色施工总体框架、绿色施工要点、发展绿色,是施工的"四新"技术、绿色施工应用示范工程。

《绿色施工导则》将绿色施工作为建筑全寿命周期中一个重要阶段,明确了绿色施工对于实现绿色建筑的地位和作用,对绿色施工的管理提出了系统化的要求,要求推进绿色施工,进行总体方案优化;在规划、设计阶段,应充分考虑绿色施工的总体要求,为绿色施工提供基础条件;在项目实施阶段,推进绿色施工,应对材料采购、现场组织、工程验收等各阶段进行控制,加强对整个施工过程的管理和监督。

《绿色施工导则》明确绿色施工的总体框架是由施工管理、环境保护、节材与材料资源利用、节水与水资源利用、节能与能源利用、节地与施工用地保护六方面组成,如图 5-2 所示。同时,还从绿色施工组织管理、规划管理、实施管理、评价管理和人员安全与健康管理五个方面提出原则性要求,并结合"四节一环保"提出了一系列技术要点。

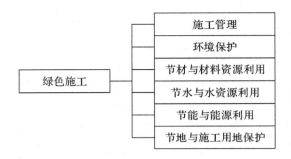

图 5-2　绿色施工总体框架

3.《绿色建筑技术导则》

　　建设部和科技部联合发布的《绿色建筑技术导则》,是我国政府管理部门针对绿色建筑颁布的一个政策指导性文件,适用于建设单位、规划和设计单位、施工与监理单位、建筑产品生产单位和有关管理部门指导绿色建筑建设。其主要内容框架如图 5-3 所示。

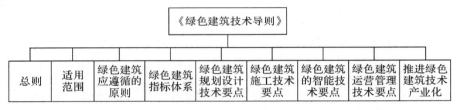

图 5-3　《绿色建筑技术导则》主要内容框架

　　《绿色建筑技术导则》确立了我国绿色建筑倡导的基本理念和方法,包括:可持续发展与循环经济的发展模式、新型建筑工业化与朴实简约的设计思路、因地制宜及尊重历史文化、全寿命周期及综合效益相统一的原则等。并设置专门章节,明确绿色建筑施工技术要点,搭建绿色施工过程中绿色技术的初步框架,突出了绿色施工技术是实现绿色建筑的重要的、不可或缺的内容,具体包括场地环境、节能、节水、节材与材料资源四个方面。

4. 建筑工程绿色施工评价标准

　　住房城乡建设部于 2010 年发布了《建筑工程绿色施工评价标准》(GB/T 50905—2010),主要从“四节一环保”角度对建筑工程绿色施工进行评定(主要内容框架见图 5-4),对我国工业与民用建筑、构筑物现场施工的绿色施工方法进行了规范,促进了施工企业进行绿色施工。

　　绿色施工评价的对象主要是房屋建筑工程施工过程的环境保护、节材与材料资源利用、节水与水资源利用、节能与能源利用和节地与土地资源利用。实施主体主要包括建设、施工、监理三方,绿色施工批次评价、阶段评价和单位工程评价分别由施工方、监理方和建设方组织,其他方参加。在不同的评价层面,绿色施工组织的实施主体各不相同,其用意在于体现评价的客观真实,发挥互相监督作用。绿色施工评价时间间隔要基于"持续改进"的理念,即在每个批次的评价完成后,针对"四节一环保"的实施情况,在肯定成绩的基础上,找到相应的"短板"形成改进意见,付诸实施一定时间后,能够得到可见的明显效果。因此,评价时间间隔要满足绿色施工评价标准要求,并应结合企业、项目的具体情况确定,但至少应达到每月评价 1 次,且每阶段评价不少于 1 次的基本要求。

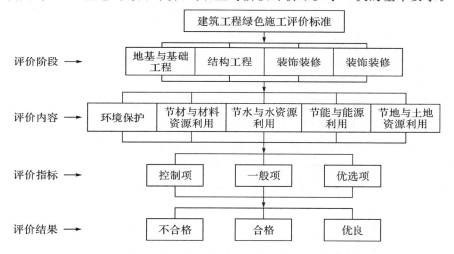

图 5-4　建筑工程绿色施工评价标准主要内容框架

5. 建筑工程绿色施工规范

《建筑工程绿色施工规范》(GB/T 50905—2014),是我国第一部指导建筑工程绿色施工的国家规范。该规范基本按照分部分项工程划分,共计 11 章,即总则、术语、基本规定、施工准备、施工场地、地基与基础工程、主体结构工程、装饰装修工程、保温和防水工程、机电安装工程、拆除工程。具体框架如图 5-5 所示。其遵循系统性、科学性、前瞻性和可操作性的原则,以建筑工程绿色施工为对象,从管理、技术和工艺等方面提出基本要求。

近年来,各省(区、市)也相应出台了绿色施工的相关标准,绿色施工在我国各地已逐渐得到开展。例如,北京市于 2008 年发布了地方标准《绿色施工管理规程》(DB 11/513—2008),天津市于 2010 年发布了《天津市绿色建筑施工管理技术规程》(DB 29−200−2010),上海市于 2013 年发布了《建筑工程绿色施工

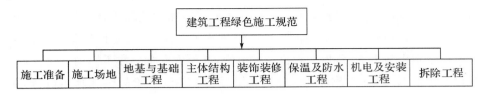

图 5-5　建筑工程绿色施工规范主要内容框架

管理规范》(DB/TJ 08－2129－2013),青海省于 2014 年发布了《建筑工程绿色施工规程》(DB 63/T 307－2014)。

5.1.2　地方立法推广应用绿色建筑技术情况

1.《江苏省绿色建筑发展条例》

2015 年 3 月 27 日,江苏省第十二届人民代表大会常务委员会第十五次会议审议通过《江苏省绿色建筑发展条例》,自 2015 年 7 月 1 日起施行。

《江苏省绿色建筑发展条例》是国内首部促进绿色建筑发展的地方性法规,其第四章"绿色建筑技术"中,鼓励使用自然通风、自然采光、雨水利用、余热利用、太阳能和浅层地温能等可再生能源,要求规划建设地下综合管廊、区域建筑能源供应系统、城市再生水系统、雨水综合利用系统,推广使用预拌砂浆、预拌混凝土、高强钢筋、高性能混凝土和新型墙体材料等绿色建筑新技术。对应的条文内容如下:

第三十四条　绿色建筑发展应当坚持因地制宜、被动优先、主动优化的技术路线,推广应用自然通风、自然采光、雨水利用、余热利用技术以及太阳能、浅层地温能等可再生能源。

第三十五条　城镇集中开发建设的区域,应当规划建设地下综合管廊、区域建筑能源供应系统、城市再生水系统和雨水综合利用系统。已建成综合管廊的区域,电力、通信、供水等相关管线应当进入,不得另行建设。

第三十六条　规划用地面积 2 万平方米以上的新建建筑,应当同步建设雨水收集利用系统。新建建筑的景观用水、绿化用水、道路冲洗用水应当优先采用雨水、再生水等非传统水源。新建建筑应当选用节水器具,场地排水管网建设应当采用雨污分流技术。

第三十七条　新建的政府投资公共建筑、大型公共建筑应当至少利用一种可再生能源。新建住宅和宾馆、医院等公共建筑应当设计、安装太阳能热水系统。

第三十八条　新建建筑应当使用预拌砂浆、预拌混凝土、高强钢筋和新型墙体材料,推广应用高性能混凝土。建筑的基础垫层、围墙、管井、管沟、挡土坡以及市政道路的路基垫层等工程部位,鼓励使用再生建筑材料。城市道路、地面停车场等应当优先使用透水性再生建筑材料。

第三十九条　各级建设主管部门应当会同相关部门建立和完善建筑产业现代化政策、技术体系,推进新型建筑工业化、住宅产业现代化。新建公共租赁住房应当按照成品住房标准建设。鼓励其他住宅建筑按照成品住房标准,采用产业化方式建造。

2.《浙江省绿色建筑条例》

2015 年 12 月 4 日,浙江省第十二届人民代表大会常务委员会第二十四次会议通过《浙江省绿色建筑条例》,2016 年 5 月 1 日开始施行。其第四章"技术与应用"中,在民用建筑的建设中,应当对自然通风、自然采光、雨水利用、余热利用等绿色新技术进行推广应用。如图 5-6 所示。

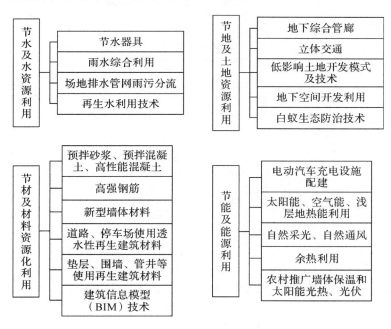

图 5-6　《浙江省绿色建筑条例》推广使用的绿色建筑技术

5.1.3 绿色建筑评价标识项目的技术应用情况

1. 2013 年度绿色建筑评价标识项目技术应用情况

据住房城乡建设部科技发展促进中心《2013 年度绿色建筑评价标识统计报告》中,对绿色建筑标识项目中的技术应用情况进行分析,其中住宅建筑 171 项,公共建筑 139 项,如图 5-7 所示。

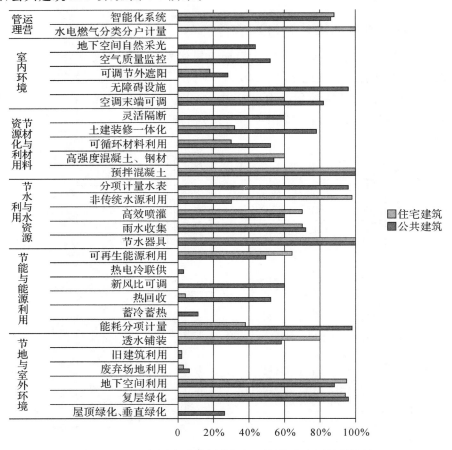

图 5-7　2013 年绿色建筑评价标识项目技术应用情况统计

可以看出,住宅类绿色建筑评价项目中,复层绿化、地下空间利用、节水器具、非传统水源利用、预拌混凝土、水电燃气分类分户计量等技术的使用率较高;旧建筑利用、废弃场地利用、余热利用、可调节外遮阳使用率较低。公共建筑绿色建筑评价标识项目中,复层绿化、能耗分项计量、节水器具、分项计量水表、预拌混凝土、空调末端可调、无障碍设施等技术使用率较高,废弃场地利用、旧建筑利用、蓄冷蓄热、余热利用、热电冷联供等技术使用率较低。

2. 2015 年度绿色建筑评价标识项目技术应用情况

对绿色建筑标识项目中提供了详细技术应用数据的项目进行统计,其中住宅项目 716 项、公共建筑 792 项,如图 5-8 所示。可以看出,住宅类绿色建筑项目中,复层绿化、地下空间利用、节水器具、非传统水源利用、预拌混凝土、水电燃气分类分户计量等技术的使用率较高;旧建筑利用、废弃场地利用、余热利用可调节外遮阳以及室内空气质量监控使用率较低。公共建筑绿色建筑评价标识项目中,复层绿化、能耗分项计量、节水器具、非传统水源利用、分项计量水表、预拌混凝土、空调末端可调、无障碍设施等技术使用率较高;废弃场地利用、旧建筑利用、蓄冷蓄热、余热利用、热电冷联供等技术使用率较低。

3. 绿色建筑评价标识项目增量成本情况

根据住房城乡建设部科技与产业化发展中心发布的《2015 年全国绿色建筑评价标识统计报告》(宋凌等)的相关数据,2008—2015 年所评标识项目中有 3000 多个项目提供的增量成本与年节约运行费用信息,共统计 3052 个项目的单位面积增量成本以及相应技术的单位面积增量成本。其中一星级住宅共统计 631 项、公共建筑共统计 572 项,其增量成本 25.14 元/m^2 和 33.8 元/m^2;二星级住宅共统计 681 项、公共建筑共统计 629 项,其增量成本 64.23 元/m^2 和 111.47 元/m^2;三星级住宅共统计 176 项、公共建筑共统计 363 项,其增量成本 135.92 元/m^2 和 233.92 元/m^2。具体如图 5-9 所示。

从逐年分析来看,住宅类和公建类绿色建筑单位面积增量成本、发展趋势逐年下降,2014 和 2015 年逐渐持平。具体如图 5-10 所示。

第 2 节　建筑工程绿色设计监理实务

5.2.1　建筑工程绿色设计监理控制要点概述

据前述章节中有关《江苏省绿色建筑发展条例》《浙江省绿色建筑条例》等法律法规的相关规定,城市、镇总体规划确定的城镇建设用地范围内新建民用建筑(农民自建住房除外),应当按照一星级以上绿色建筑强制性标准进行建设,其中国家机关办公建筑和政府投资为主的其他公共建筑,应当按照二星级

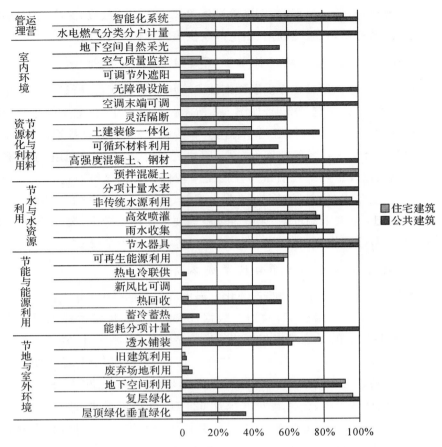

图 5-8　2015 年绿色建筑评价标识项目技术应用情况统计

数据来源：住房城乡建设部科技发展促进中心《2015 年全国绿色建筑评价标识
统计报告》

以上绿色建筑强制性标准进行建设；鼓励其他公共建筑和居住建筑按照二星级
以上绿色建筑的技术要求进行建设。

　　由此可见，建筑工程设计阶段的绿色监理工作中，首先应将与该建筑工程
相关的绿色建筑评价指标进行分解，将作为必须的指标的控制项，要求必须达
到；将参与打分的指标：一般项和优选项，按照申报等级（一星级、二星级、三星
级）所要求的指标值进行控制，把确定的指标纳入设计任务书，作为建筑工程项
目绿色设计要求，绿色监理应审核任务书中有关绿色建筑各项指标的全面性、
完整性和适宜性。整理确定后的指标既是设计工作的依据，也是审核设计成果
的依据。

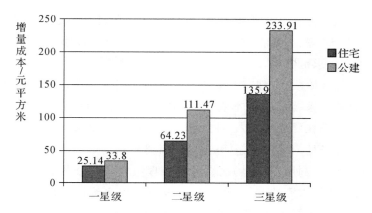

图 5-9　绿色建筑评价标识项目增量成本情况

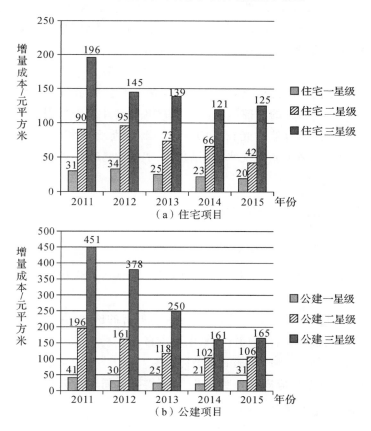

图 5-10　绿色建筑逐年单位面积增量成本

（1）设计前期阶段：监理应协助业主审核场址检测报告和相应文件，以确定选址无洪涝灾害、泥石流及含氡土壤的威胁,以及在建筑场地安全范围内无电磁辐射危害和火、爆、有毒物质等危险源;同时应审核环境影响评价报告,确定环境噪声等在要求范围内。

(2)规划设计阶段:监理应审核场地地形图和相关文件,以确定场地建筑不破坏文物、自然水系、湿地、基本农田、森林和其他保护区;要审核规划设计文件,确保用地标准在要求范围内,日照、采光、通风达到要求,确保绿地指标符合相关要求,确保场地内无排放超标的污染源;要核查场地设施配套,核查对尚可使用旧建筑的充分利用,核查场地交通的合理组织及对公共交通的充分利用;核查绿化对非传统水源的利用;核查地表及屋面雨水经流途径,是否采用增加雨水渗透措施;核查绿化、洗车对非传统水源的利用。

(3)建筑单体设计阶段:要审查设计文件,要核查建筑是否利用场地自然条件进行合理设计,确保建筑节能设计符合或超过国家及地方现行设计标准的规定值。要核查日照、采光、通风、隔声、热工程指标,要核查对可再循环材料的充分应用。要核查结构选型是否合理,是否采用高性能材料。要核查暖通空调设计是否选用效率高的用能设备,能效比指标是否符合要求,是否充分利用当地可再生能源及空调系统的可控制性。要核查电气设计是否采用高效光源、高效灯具、低损耗附件,与自然采光较好的结合。要核查给排水设计是否综合利用各种水资源和充分利用非传统水源,确保不对人体健康与环境产生不良影响,确保采用节水器具

5.2.2 节地与室外环境控制指标及监理要点

1. 节地与室外环境控制项

(1)项目选址应符合所在地城乡规划,且应符合各类保护区、文物古迹保护的建设控制要求。

(2)场地内应无洪涝、滑坡、泥石流等自然灾害的威胁,无危险化学品、易燃易爆危险源的威胁,无电池辐射、含氡土壤危害。

(3)场地内不应有排放超标的污染源。

(4)建筑规划布局应满足日照标准,且不得降低周边建筑的日照标准。

2. 节地与室外环境评分项

节地与室外环境评分项具体如图 5-11 所示。

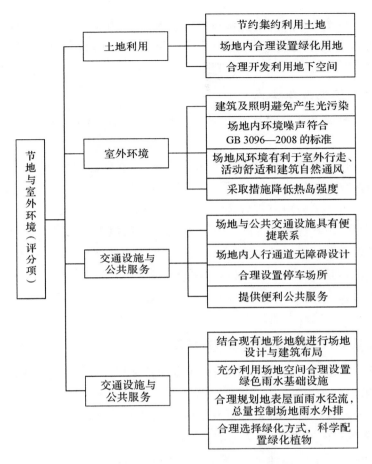

图 5-11　节地与室外环境评分项

3. 节地与室外环境控制项监理要点

（1）工程项目位置、场区布置应符合建设用地规划许可证、建设工程规划许可证、建设工程施工许可证、规划设计图纸和施工图设计文件的要求。

（2）建筑场地应无洪涝、滑坡、泥石流等自然灾害的威胁，无危险化学品、易燃易爆危险源，无电磁辐射、含氡土壤等危害。

（3）建筑场地内应无排放超标的污染源。

（4）建筑布局应符合日照模拟分析报告、规划设计图纸、施工图设计文件的要求和有关日照标准的规定，且不得降低周边建筑的日照标准。

4. 土地利用监理要点

（1）居住建筑的人均居住用地指标、人均公共绿地面积和绿地率、公共建筑的容积率、绿地率等指标应符合规划设计图纸、施工图设计文件的要求。

（2）居住建筑和公共建筑的地下建筑面积与地上建筑面积比率应符合施工图设计文件的要求。

5. 室外环境监理要点

（1）玻璃幕墙可见光反射比应符合环境影响评估报告、玻璃幕墙设计文件的要求。

（2）室外夜景照明应符合环境影响评估报告、室外景观照明设计文件的要求和现行行业标准《城市夜景照明设计规范》JGJ/T 163—2008 的规定。

（3）场地内环境噪声应符合环境影响评估报告、施工图设计文件的要求和现行国家标准《声环境质量标准》GB 3096—2008 的规定。

（4）场地内风环境应符合规划设计图纸、环境影响评估报告、室外风环境模拟报告的要求和现行国家、地方相关标准的规定。

（5）场地应按场地绿化设计图纸、施工图设计文件、第三方热岛模拟分析报告的要求，采取措施降低热岛强度。

6. 交通设施与公共服务监理要点

（1）场地与公共交通设施的联系应符合场地交通站点分析图和施工图设计文件的要求。

（2）场地内人行通道的无障碍设施应符合场地平面布置图、施工图设计文件的要求和现行国家、地方相关标准的规定。

（3）场地自行车、机动车的停车场所设置应符合场地平面布置图、施工图设计文件的要求和现行国家、地方相关标准的规定。

（4）场地幼儿园、学校、商业等公共服务设施应符合场地平面布置图、施工图设计文件的要求和现行国家、地方相关标准的规定。

7. 场地设计与场地生态监理要点

（1）场地内原有自然水域、湿地和植被的保护措施及采取表层土利用的生态补偿措施应符合场地平面布置图、施工图设计文件的要求。

（2）场地的绿色雨水基础设施应符合场地平面布置图、场地雨水设计图、场地铺装设计图的要求。

（3）场地的地表雨水径流、屋面雨水径流应符合场地雨水设计图的要求，并应按设计要求对场地雨水实施外排总量控制。

（4）场地的绿化方式、绿化植物配置应符合场地平面布置图、场地绿化设计图、景观植物种植设计图及苗木配置表的要求。

5.2.3　节能与能源利用控制指标及监理要点

1. 节能与能源利用控制项

(1)建筑设计应符合国家现行有关建筑节能设计标准中强制性条文的规定。

(2)不应采用电直接加热设备作为供暖空调系统的供暖热源和空气加湿热源。

(3)冷热源、输配系统和照明等各部分能耗应进行独立分项计量。

(4)各房间或场所的照明功率密度值不应高于现行国家标准《建筑照明设计标准》(GB50034—2013)规定的现行值。

2. 节能与能源利用评分项

节能与能源利用评分项具体如图 5-12 所示。

3. 节能与能源利用控制项监理要点

(1)建筑节能工程施工质量应符合施工图设计文件、建筑节能计算书、建筑节能工程专项审查意见的要求和国家、地方现行有关建筑节能标准中强制性条文的规定。

(2)采暖空调系统的供暖热源和空气加湿热源应符合施工图设计文件的要求,且不应采用电直接加热设备。

(3)冷热源、输配系统和照明等各分部能耗计量装置的设置应符合施工图设计文件的要求,且应独立分项计量。

(4)各房间或场所的照明功率密度值应符合施工图设计文件的要求和现行国家标准《建筑照明设计标准》(GB 50034—2011)的规定。

4. 建筑与围护结构监理要点

(1)建筑体型、朝向、楼距、窗墙比应符合施工图设计文件、场地平面布置图的要求和现行国家、地方相关标准的规定。

(2)建筑外窗、玻璃幕墙透明部分的可开启面积比例应符合施工图设计文件、幕墙设计图的要求和现行国家、地方相关标准的规定。

(3)建筑围护结构热工性能指标应符合施工图设计文件的要求和现行国家、地方相关标准的规定。

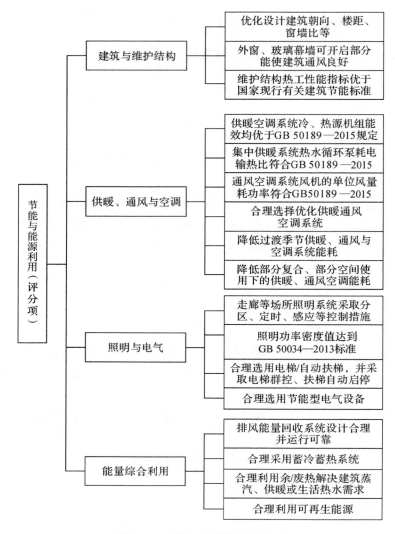

图 5-12 节能与能源利用评分项

5. 供暖、通风与空调监理要点

（1）供暖空调系统的冷、热源机组能效等级应符合采暖空调节能设计文件的要求和现行国家标准《公共建筑节能设计标准》（GB 50189—2015）的规定。

（2）集中供暖系统热水循环泵的耗电输热比和通风空调系统风机的单位风量能耗功率应符合采暖空调节能设计文件的要求和现行国家标准《公共建筑节能设计标准》（GB 50189—2015）的规定。空调冷热水系统循环水泵的耗电输冷（热）比应符合采暖空调节能设计文件的要求和现行国家标准《民用建筑供暖通风与空气调节设计规范》(GB 50736—2012)的规定。

(3)供暖、通风与空调系统能耗应符合采暖空调节能设计文件的要求。

(4)降低过渡季节供暖、通风与空调系统能耗所采取的技术措施应符合采暖空调节能设计文件的要求。

(5)降低部分负荷、部分空间使用下的供暖、通风与空调系统能耗采取的技术措施应符合采暖空调节能设计文件的要求。

6. 照明与电气监理要点

(1)走廊、楼梯间、门厅、大堂、大空间、地下停车场等场所的照明系统,应按配电与照明节能设计文件的要求,采取分区、定时、感应等节能控制措施。

(2)照明功率密度值应符合配电与照明节能设计文件的要求和现行国家标准《建筑照明设计标准》(GB 50034—2013)的规定。

(3)选用的电梯和自动扶梯性能指标,以及电梯群控、扶梯自动启停等节能控制措施应符合配电与照明节能设计文件的要求。

(4)选用的三相配电变压器、水泵、风机等设备及其他电气装置,其性能指标应符合配电与照明节能设计文件的要求和现行国家、地方相关标准的规定。

7. 能源综合利用监理要点

(1)排风能量回收系统、蓄冷蓄热系统以及余热废热利用应符合可再生能源利用专项设计文件的要求。

(2)太阳能热水系统、光伏发电系统、地源热泵系统等可再生能源的利用,应符合可再生能源利用专项设计文件的要求和现行国家、地方相关标准的规定。

5.2.4　节水与水资源利用控制指标及监理要点

1. 节水与水资源利用控制项

(1)应制定水资源利用方案,统筹利用各种水资源。

(2)给排水系统设置应合理、完善、安全。

(3)应采用节水器具。

2. 节水与水资源利用评分项（见图 **5-13**）

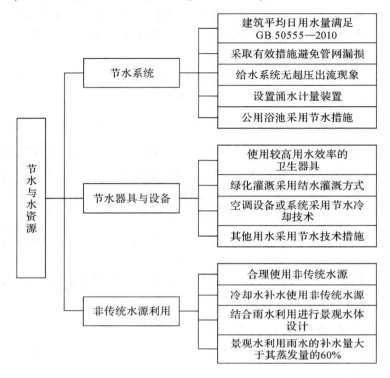

图 5-13　节水与水资源利用评分项

3. 节水与水资源利用控制项监理要点

（1）各种水资源的利用应符合给排水工程设计文件、水资源方案的要求。

（2）给排水系统设置应符合给排水工程设计文件的要求和现行国家、地方相关标准的规定。

（3）节水器具的使用应符合给排水工程设计文件的要求和现行国家、地方相关标准的规定。

4. 节水系统监理要点

（1）采取的避免管网漏损措施应符合给排水工程设计文件的要求。

（2）给水系统不应有超压出流现象。

（3）用水计量装置的设置应符合给排水工程设计文件的要求。

（4）公共浴室应按给排水工程设计文件的要求，采取节水措施。

5. 节水器具与设备监理要点

(1)使用的卫生器具用水效率等级应符合给排水工程设计文件的要求。

(2)节水灌溉系统,以及采取设置土壤湿度感应器、雨天关闭装置或种植无须永久灌溉植物等节水措施应符合给排水工程设计文件的要求。

(3)空调设备或系统应按施工图设计文件的要求采用节水冷却技术。

6. 非传统水源利用监理要点

(1)住宅、旅馆、办公、商场类建筑的非传统水源利用率,以及其他类型建筑的绿化灌溉、道路冲洗、洗车用水、冲厕采用非传统水源用水量占总用水量的比例,应符合给排水工程设计文件的要求。

(2)冷却水补水使用非传统水源的量占总用水量的比例应符合给排水工程设计文件的要求。

(3)景观水体应按给排水工程设计文件、非传统水源系统设计图及景观水体设计图的要求,利用雨水,并采用生态水处理技术保障水体水质。

5.2.5　节材与材料资源利用控制指标及监理要点

1. 节材与材料资源利用控制项

(1)不得采用国家和地方禁止、限制使用的建筑材料及制品。

(2)混凝土结构中梁、柱中纵向受力普通钢筋采用不低于 400MPa 级的热轧带肋钢筋。

(3)建筑造型要素应简约且无大量装饰性构件。

2. 节材与材料资源利用评分项

节材与材料资源利用评分项具体如图 5-14 所示。

3. 节材与材料资源利用控制项监理要点

(1)不得采用国家和地方禁止、限制使用的建筑材料及制品。

(2)混凝土结构中梁、柱纵向受力普通钢筋应符合施工图设计文件的要求,且应采用不低于 400MPa 级的热轧带肋钢筋。

(3)建筑造型要素应简约、无大量装饰性构件,并符合建筑施工图设计文件的要求。

4. 材料节约和利用监理要点

(1)建筑型体、地基基础、结构体系、结构构件应符合施工图设计文件的要

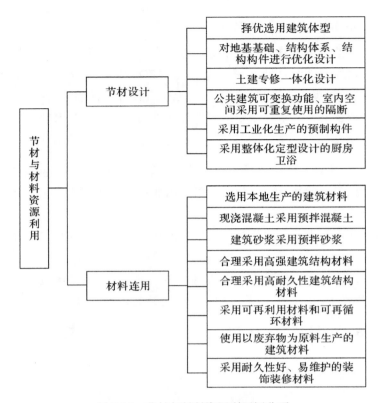

图 5-14 节材与材料资源利用评分项

求和国家标准《建筑抗震设计规范》(GB 50011—2010)的规定。

(2)应按施工图设计文件的要求,采用土建与装修一体化、工业化生产的预制构件、整体化定型设计的厨房和卫浴间、可重复使用的隔断(墙)等节材措施。

(3)应按照现行国家、地方有关绿色建筑标准的规定,选用本地生产的建筑材料。

(4)现浇混凝土应采用预拌混凝土,建筑砂浆应采用预拌砂浆。

(5)应按照施工图设计文件的要求,采用可再利用材料、可再循环材料及高强、高性能、高耐久性的结构材料。

(6)应按施工图设计文件的要求,使用以废弃物为原料生产的建筑材料,且废弃物掺量不低于 30%。

(7)应按施工图设计文件的要求,采用耐久性好易维护的外立面材料、室内装饰装修材料以及清水混凝土。

5.2.6　室内环境控制指标及监理要点

1. 室内环境质量控制项

（1）主要功能房间的室内噪声级应满足现行国家标准《民用建筑隔声设计规范》（GB 50118—2010）中的低限要求。

（2）主要功能房间的外墙、隔墙、楼板和门窗的隔声性能应满足现行国家标准《民用建筑隔声设计规范》（GB 50118—2010）中的低限要求。

（3）建筑照明数量和质量应符合现行国家标准《建筑照明设计标准》（GB 50034—2013）的规定。

（4）采用集中供暖空调系统的建筑，房间内的温度、湿度、新风量等设计参数应符合现行国家标准《民用建筑供暖通风与空气调节设计规范》（GB 50736—2012）的规定。

（5）在室内设计温、湿度条件下，建筑围护结构内表面不得结露。

（6）屋顶和东、西外墙隔热性能应满足现行国家标准《民用建筑热工设计规范》（GB 50176—2016）的要求。

（7）室内空气中的氨、甲醛、苯、总挥发有机物、氡等污染物浓度应符合现行国家标准《室内空气质量标准》（GB/T 18883—2002）的有关规定。

2. 室内环境质量评分项

室内环境质量评分项具体如图 5-15 所示。

3. 室内环境质量控制项监理要点

（1）主要功能房间的室内噪声级应符合施工图设计文件、室内噪声设计分析报告的要求和现行国家标准《民用建筑隔声设计规范》（GB 50118—2010）的规定。

（2）主要功能房间的外墙、隔墙、楼板和门窗的隔声性能应符合施工图设计文件、室内隔声设计分析报告的要求和现行国家标准《民用建筑隔声设计规范》（GB 50118—2010）的规定。

（3）建筑照明数量和质量应符合照明与电气施工图设计文件的要求和现行国家标准《建筑照明设计标准》（GB 50034—2013）的规定。

（4）采用集中供暖空调系统的建筑，房间内的温度、湿度、新风量等指标应符合施工图设计文件的要求和现行国家标准《民用建筑供暖通风与空气调节设计规范》（GB 50736—2012）的规定。

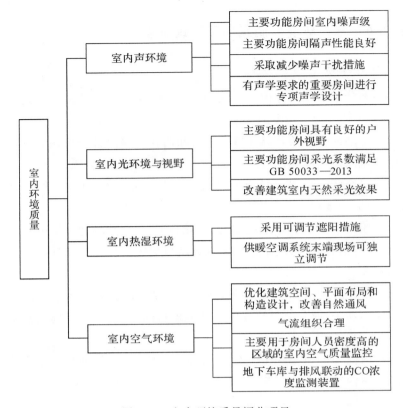

图 5-15   室内环境质量评分项目

(5)在室内设计温、湿度条件下,建筑围护结构内表面不得结露。

(6)屋顶和东、西外墙隔热性能应符合施工图设计文件的要求和现行国家标准《民用建筑热工设计规范》(GB 50176—2016)的规定。

(7)室内空气中的氨、甲醛、苯、总挥发性有机物、氡等污染物浓度应符合施工图设计文件的要求和现行国家标准《室内空气质量标准》(GB/T 18883—2002)的规定。

4. 室内声环境监理要点

(1)应按照施工图设计文件的要求采取措施减少噪声干扰。

(2)公共建筑中的多功能厅、接待大厅、大型会议室和其他有声学要求的重要房间,其声学指标应符合专项声学设计文件的要求。

5. 室内光环境与视野监理要点

(1)居住建筑与相邻建筑的直接间距应符合施工图设计文件的要求,公共建筑的主要功能房间能通过外窗看到室外自然景观,且无明显视线干扰。

（2）主要功能房间的采光系数应符合施工图设计文件、天然采光模拟计算分析报告的要求和现行国家标准《建筑采光设计标准》(GB 50033—2013)的规定。

（3）改善建筑室内天然采光效果所采取的措施应符合施工图设计文件的要求。

6. 室内热湿环境监理要点

（1）应按照遮阳系统设计文件的要求采取可调节遮阳措施,降低夏季太阳辐射的热度。

（2）供暖空调系统末端装置应符合暖通施工图设计文件的要求,且可现场独立调节。

7. 室内空气质量监理要点

（1）自然通风效果应符合施工图设计文件、自然通风模拟计算分析报告的要求。

（2）重要功能区域供暖、通风与空调工况下的气流组织应符合施工图设计文件、自然通风模拟计算分析报告的要求,应避免卫生间、餐厅、地下车库等区域的空气和污染物串通到其他房间或室外活动场所。

（3）主要功能房间中人员密度较高且随时间变化大的区域应按照建筑智能化施工图设计文件的要求,设置室内空气质量监控系统。

（4）地下车库应按施工图设计文件的要求,设置与排风设备联动的一氧化碳浓度监测装置。

第 3 节　建筑工程绿色施工监理实务

5.3.1　绿色施工的相关规范

1.《绿色建筑评价标准》中有关施工管理的内容

《绿色建筑评价标准》增加了第 9 章"施工管理"的内容,有详细的定量和定性评价指标,能较完整地展现我国绿色施工新水平。

（1）施工管理控制项

①应建立绿色建筑项目施工管理体系和组织机构,并落实各级责任制。

②施工项目部应制定施工全过程的环境保护计划,并组织实施。

③施工项目部应制定施工人员职业健康安全管理计划,并组织实施。

④施工前应进行设计文件中绿色建筑重点内容的专项会审。

(2)施工管理评分项

旧版的《绿色建筑评价标准》(GB/T 50378—2006)虽有提到施工环节,但都是务虚的内容,评审过程中很少有人去查阅施工过程中的数字及文字记载,可操作性比较差。新版的绿色建筑评价标准,较好地弥补了旧版不足(见图5-16),具体表现如下:

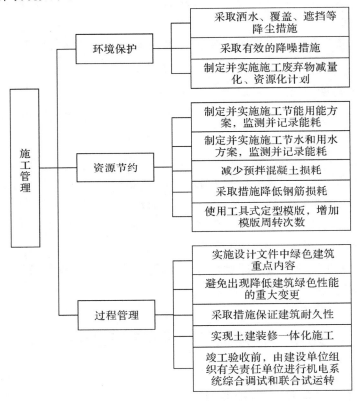

图 5-16　绿色建筑评价标准"施工管理"评分项目

①正视环保问题。北京与上海针对产生 PM2.5 的本土分析,均得出建筑施工的贡献率在 10%～20%的结论。"施工管理"章节将重点关注环境保护,在标准中首次采用洒水、覆盖、遮挡等降尘措施,并向发达国家学习,在工地建筑结构脚手架外侧设置密目防尘网或布。建筑废弃物的量化标准也是创新点之一,根据北京和上海的统计数据,我国建筑废弃物的排放量基本上在 500～600吨/万平方米,如此大量的建筑废弃物都是从新材料演变而成的,既不节材,又

对环境造成污染。对此不仅提出了量化减排的要求,还提出了资源化利用的要求,将建筑施工与环境保护相互结合起来。

②对资源节约做出了量化规定。施工企业的用能用水量长期以来不受制约,制度上对能耗水耗从不干预。"施工管理"章节要求施工单位要制定节能用能和节水用水的方案,还要求对施工区、生活区进行实时监测和记录,只有这样才能有针对性地开展节能节水工作。材料浪费始终是我国施工环节的突出问题,针对我国建筑结构 90% 以上为钢筋混凝土结构的实际情况,"施工管理"章节明确地强调混凝土、钢筋及模板三种材料的节约指标,还细化到分级指标,不同比例的损耗率给予不同分值,走出了绿色施工节材的第一步。

③重视过程管理。建筑施工周期较长,涉及管理工作内容多,隐含着"四节一环保"的丰富内容。土建装修一体化施工虽然未进入控制项,但是加大了分值加以引导;耐久性涉及施工的方方面面,是常被人们忽略的绿色属性,《绿色建筑评价标准》充分考虑了结构耐久性、装饰装修材料耐久性、固定设备耐久性。

《绿色建筑评价标准》中"施工管理"条文是为绿色建筑的实现服务的,除了在施工活动中需要考虑"四节一环保"要求外,还应该保障绿色建筑设计性能的实现,评价指标中应有满足这一要求的内容。施工管理仅仅是绿色建筑的一个环节,主要选取施工活动中有关"四节一环保"的几个关键因素,作为评价指标。由于是一次性评价,要求评价指标以结果性为主,所以尽量采用定量评价指标。

2. 建筑工程绿色施工规范

在上述第 1 节中,我们简单介绍了《建筑工程绿色施工规范》的整体框架,这里不再重复。绿色施工规范不仅是我国第一部指导建筑工程进行绿色施工的国家规范,同时还为开展建筑工程绿色监理提供了依据和指导。

《建筑工程绿色施工规范》注重施工过程的"人、机、料、法、环"分析,以绿色施工的"四节一环保"要求为基础,总结我国建筑工程施工的经验,强调绿色施工中的新技术应用,提出了具体的绿色施工要求。例如,在地基与基础工程部分,要求采取措施重点控制施工过程扬尘及保护地下水;在主体结构工程部分,强调积极运用工厂化加工、预拌砂浆技术、建筑垃圾减量控制、再生混凝土材料使用、装配式混凝土结构等绿色施工技术;在装修工程部分,强调前期策划,要求尽量选择绿色建材且做好施工保障。同时明确了建设、设计、监理及施工四方为责任主体,在建筑施工过程中基于绿色理念协同负责,通过科技和管理进步的方法,对设计产品所确定的工程做法、设备和用材提出优化和完善的建议,促进建筑施工实现机械化、工业化和信息化。

3. 国外绿色建筑评估体系中有关施工管理的内容

施工阶段是绿色建筑全寿命周期的一个环节。国际上影响比较大的绿色建筑评估体系如美国能源及环境设计先导计划（LEED）、英国建筑研究组织环境评价法（BREEAM）等的评价条款均有建筑施工阶段的内容。

（1）美国能源及环境设计先导计划（LEED）

该计划分为 7 个部分，共 8 个必要条款，规定内容的条款是 46 条，满分 100 分。此外还有创新条款，满分 10 分。与施工阶段有关的条款中，有必要条款 1 条，得分条款 10 条，可得分 14 分，创新条款可得 1 分。施工内容条款主要包括施工中的污染防治、施工废弃物管理、建筑材料选用、室内空气质量管理、能源系统调试等。

（2）英国建筑研究组织环境评价法（BREEAM）

该评价法分为 10 个部分，其中创新是鼓励部分，不同部分在最后计算中的权重不一样。常规满分分值为 100 分，创新满分 10 分。与施工阶段有关的条款中，常规条款大约可得 16 分，创新条款大约可得 2 分。施工内容条款主要包括施工管理、材料选用、施工垃圾管理等。

5.3.2   建筑工程绿色施工监理控制要点概述

施工阶段的绿色建筑控制包括两个方面：一是设计文件中有关绿色建筑的要求在施工中的实施；二是施工活动行为本身符合绿色施工及绿色建筑评价的相关要求。施工方在投标前就要考虑绿色施工及绿色建筑评价的要求，运用 ISO 14000 和 ISO 18000 管理体系，将绿色施工有关内容分解到管理体系目标中去，使绿色施工规范化、标准化。在工程开工前施工方及时编制绿色建筑施工的专项方案，报送监理、业主审核，通过审核的专项方案在施工过程中严格执行。

绿色监理结合《绿色施工导则》《建筑工程绿色施工规范》以及设计文件中有关绿色建筑的要求，对绿色建筑施工专项方案进行审查，对相关材料、设备进行检验，对需要检测的材料、构件、设备进行抽样检测，对施工过程分阶段进行检验并进行分部分项工程验收。

建筑工程绿色监理要重点审查建筑材料中有害物质含量控制标准、地方性材料的充分利用、建筑施工、旧建筑拆除和场地清理时产生的固体废弃物的分类处理、循环利用，充分应用以废弃物为原料生产的建筑材料，在施工过程中对施工引起的大气污染、土壤污染、噪声污染、水污染、光污染以及对场地周边区域的不利影响采取控制措施。同时,绿色监理在施工过程中,要按照设计文件中有关建筑工程绿色等级的要求和审查批准的绿色建筑施工方案检查施工方的施工行为。

5.3.3　节地与土地资源保护利用监理

1. 节地与土地资源保护控制项监理要点

(1)施工场地布置应符合专项施工方案的要求,并实施动态管理。

(2)施工临时用地应有审批用地手续。

(3)施工单位应充分了解施工现场及毗邻区域内人文景观保护要求、工程地质情况及基础设施管线分布情况,制定相应保护措施,并应报请相关部门核准。

2. 节约用地监理要点

(1)施工总平面布置应符合专项施工方案的要求,并尽量减少占地。施工总平面布置宜能充分利用和保护原有建筑物、构筑物、道路和管线等,职工宿舍宜满足 2 平方米/人的使用面积要求。

(2)应在经批准的临时用地范围内组织施工。

(3)场内交通道路应符合专项施工方案的要求,并应根据现场条件合理设计。

(4)施工现场临时道路布置应符合专项施工方案的要求,应与原有及永久道路兼顾考虑,并充分利用拟建道路为施工服务。

(5)应采用预拌混凝土。钢筋加工宜配送化,构件制作宜工厂化。

(6)临时办公和生活用房宜采用结构可靠的多层轻钢活动板房、钢骨架水泥活动板房等可重复使用的装配式结构。

3. 保护用地监理要点

(1)施工现场应按专项施工方案的要求和现行国家、地方相关标准的规定,采取防止水土流失的措施。

(2)施工现场应按专项施工方案的要求,充分利用山地、荒地作为取、弃土场的用地。

(3)施工后应恢复植被。

(4)深基坑施工方案应通过专家论证,并减少土方开挖和回填量,保护用地。

(5)在生态脆弱的地区施工完成后,应进行地貌复原。

(6)地下水位控制应符合专项施工方案的要求和现行国家、地方相关标准的规定,且不应对相邻地表和建筑物产生有害影响。

5.3.4 节能与能源利用监理

1. 节能与能源利用控制项监理要点

(1)对生产、办公、生活和主要耗能施工设备应按专项施工方案的要求,采取节能控制措施。

(2)对主要耗能设备应定期进行能耗计量核算。

(3)施工现场不应使用国家、行业、地方政府明令淘汰的施工机械设备、机具和产品。

2. 临时用电设施监理要点

(1)施工现场临时用电应按专项施工方案的要求和现行国家、地方相关标准的规定,采用节能型设施。

(2)临时用电设施应符合专项施工方案的要求,管理制度应齐全并落实到位。

(3)现场照明设计应符合现行国家标准《施工现场临时用电安全技术规范》(JGJ 46—2005)的规定,办公、生活和施工现场采用节能照明灯具的数量宜大于80%。

(4)办公、生活和施工现场用电应符合专项施工方案的要求,宜分别计量。

(5)施工现场宜根据当地气候和自然资源条件,合理利用太阳能或其他可再生能源。

3. 机械设备监理要点

(1)施工现场使用的施工机械设备与机具应符合国家、行业有关节能、高效、环保的规定。

(2)临时用电设备应符合专项施工方案的要求,宜采用自动控制装置。

(3)施工机具资源应共享。

(4)施工现场应定期监控重点耗能设备的能源利用情况,并有记录。

(5)施工现场应建立设备技术档案,并应定期进行设备维护、保养。

4. 临时设施监理要点

(1)施工临时设施应符合专项施工方案的要求,宜结合日照、风向等自然条件,合理采用自然采光、通风和外窗遮阳设施。

(2)临时施工用房应符合专项施工方案的要求,并应使用热工性能达标的复合墙体和屋面板,顶棚宜采用吊顶。

5. 材料运输与施工监理要点

(1)建筑材料的选用应符合专项施工方案的要求和现行国家、地方相关标准的规定,并应缩短运输距离,减少能源消耗。

(2)施工现场应按专项施工方案的要求,采用能耗少的施工工艺。

(3)施工现场应按专项施工方案的要求,合理安排施工工序和施工进度。

(4)施工现场应尽量减少夜间作业和冬季施工的时间。

5.3.5　节水与水资源利用监理

1. 节水与水资源利用控制项监理要点

(1)标段分包或劳务合同应将节水指标纳入合同条款。

(2)施工现场应有水计量考核记录。

2. 节约用水监理要点

(1)施工现场应根据工程特点制定用水定额。施工现场应分别对生活用水与工程用水确定用水定额指标,并分别计量。

(2)施工现场供、排水系统应符合专项施工方案的要求和现行国家、地方相关标准的规定,且合理适用。

(3)施工现场办公区、生活区的生活用水应符合专项施工方案的要求,且应采用节水器具,节水器具配置率应达到 100%。

(4)施工中应按专项施工方案的要求,采用先进的节水施工工艺。

(5)混凝土养护和砂浆搅拌用水应符合专项施工方案的要求和现行国家、地方相关标准的规定,且应有节水措施。

(6)管网和用水器具不应有渗漏。

(7)施工现场喷洒路面、绿化浇灌不应使用自来水。

3. 水资源利用监理要点

(1)施工现场宜建立基坑降水再利用的收集处理系统,基坑降水应储存使用。

(2)施工现场宜有雨水收集利用的设施。

(3)冲洗现场机具、设备、车辆用水应符合专项施工方案的要求,且应设立循环用水装置。

(4)生产、生活污水宜处理并使用。

(5)施工现场的非传统水源利用应符合专项施工方案的要求和现行国家、地方相关标准的规定,且应检验合格。

5.3.6　节材与材料资源利用

1. 节材与材料资源利用控制项监理要点

(1)施工现场应按专项施工方案的要求和现行国家、地方相关标准的规定,根据就地取材的原则进行材料选择并应有实施记录。

(2)施工现场应建立健全机械保养、限额领料、建筑垃圾再生利用等制度。

2. 材料选择监理要点

(1)施工现场应编制材料计划,施工应选用绿色、环保材料。

(2)临建设施应按专项施工方案的要求,采用可拆迁、可回收材料。

(3)施工现场应按专项施工方案的要求和现行国家、地方相关标准的规定,利用粉煤灰、矿渣、外加剂等新材料降低混凝土和砂浆中的水泥用量;粉煤灰、矿渣、外加剂等新材料掺量应按供货单位推荐掺量、使用要求、施工条件、原材料等因素,通过试验来确定。

3. 材料节约监理要点

(1)施工现场应按专项施工方案的要求,采用管件合一的脚手架和支撑体系。

(2)施工现场应按专项施工方案的要求,采用工具式模板和新型模板材料,如铝合金、塑料、玻璃钢和其他可再生材质的大模板与钢框镶边模板。

(3)施工现场应按专项施工方案的要求,采取有效的技术措施降低材料运输损耗率。

(4)施工现场线材下料损耗率应低于定额损耗率。

(5)面材、块材镶贴,应做到预先总体排版。

(6)施工现场应因地制宜采用新技术、新工艺、新设备、新材料。

(7)施工现场应提高模板、脚手架体系的周转率。水平承重模板宜采用早拆支撑体系。

(8)临建设施、安全防护设施宜定型化、工具化、标准化,现场办公和生活用房宜采用周转式活动房。现场围挡宜最大限度地利用已有围墙,或采用装配式可重复使用的围挡来封闭。

(9)主体结构施工宜选择自动提升、顶升模架或工作平台。

4. 资源再生利用监理要点

(1)施工现场建筑余料应按专项施工方案的要求和现行国家、地方相关标准的规定,合理使用。

(2)施工现场板材、块材等下脚料和撒落的混凝土及砂浆应按专项施工方案的要求和现行国家、地方相关标准的规定,科学利用。

（3）施工现场临建设施应按专项施工方案的要求,充分利用既有建筑物、市政设施和市政道路。

（4）现场办公用纸应分类摆放,纸张应两面使用,废纸应回收。

（5）建筑材料包装物回收率宜达到 100％。

5.3.7　环境保护监理

1. 环境保护控制项监理要点

（1）施工现场应设置包括环境保护内容的施工标牌。

（2）施工现场应在醒目位置设置环境保护标识。

（3）施工现场的文物古迹和古树名木应按专项施工方案的要求和现行国家、地方相关标准的规定,采取有效保护措施。

（4）现场食堂应有卫生许可证,炊事员应持有效健康证明。

2. 资源保护监理要点

（1）施工项目部应按专项施工方案的要求和现行国家、地方相关标准的规定,采取措施保护场地四周原有地下水形态,减少抽取地下水措施,或采取基坑封闭降水措施。

（2）施工项目部应按专项施工方案的要求和现行国家、地方相关标准的规定,对危险品、化学品存放处及污染物排放采取隔离措施。

（3）施工现场应按专项施工方案的要求,设置连续、密闭、能有效隔绝各类污染的围挡。

3. 人员健康监理要点

（1）施工现场的施工作业区与生活办公区应按专项施工方案的要求分开布置,生活设施应远离有毒有害物质。

（2）生活区应有专人负责,应有消暑或保暖措施。

（3）现场工人劳动强度和工作时间应符合国家标准《体力劳动强度分级》（GB 3869—1983）的有关规定。

（4）从事有毒、有害、有刺激性气味和强光、强噪声施工的人员应佩戴相应的防护器具。

（5）深井、密闭环境、防水和室内装修施工应按专项施工方案的要求和现行国家、地方相关标准的规定,设置自然通风或临时通风设施。

(6)现场危险设备、地段、有毒物品存放地应配置安全醒目标志,并应按专项施工方案的要求和现行国家、地方相关标准的规定,采取有效的防毒、防污、防尘、防潮、通风等措施。

(7)厕所、卫生设施、排水沟及阴暗潮湿地带应定期消毒。

(8)食堂各类器具应清洁,个人卫生、操作行为应规范。

(9)现场应设有医务室,人员健康预案应完善。

4. 扬尘控制监理要点

(1)施工现场应建立洒水清扫制度,配备洒水或喷雾设备降尘,并有专人负责。

(2)对裸露地面和集中堆放的土方、渣土、垃圾应按专项施工方案的要求和现行国家、地方相关标准的规定,采取抑尘措施。

(3)运送土方、渣土等的易产生扬尘的车辆应按专项施工方案的要求和现行国家、地方相关标准的规定,采取封闭或遮盖措施。

(4)现场进出口应按专项施工方案的要求和现行国家、地方相关标准的规定,设冲洗池和吸湿垫,保持进出现场车辆清洁。

(5)易飞扬的、细颗粒建筑材料应按专项施工方案的要求和现行国家、地方相关标准的规定,封闭存放,余料应及时回收。

(6)易产生扬尘的施工作业应按专项施工方案的要求和现行国家、地方相关标准的规定,采取遮挡、抑尘等措施。

(7)拆除爆破作业应按专项施工方案的要求和现行国家、地方相关标准的规定,采取降尘措施。

(8)高空垃圾清运应按专项施工方案的要求和现行国家、地方相关标准的规定,采用封闭式管道或垂直运输机械完成。

(9)现场采用的散装水泥、干混砂浆应按专项施工方案的要求和现行国家、地方相关标准的规定,采取密闭防尘措施。

5. 废气排放控制监理要点

(1)进出场车辆和机械设备废气排放应符合国家年检要求。

(2)现场生活的燃料不应使用煤。

(3)电焊烟气的排放应符合现行国家标准《大气污染物综合排放标准》(GB 16297—2016)的规定。

(4)现场不应存在燃烧废弃物。

6. 现场建筑垃圾处置监理要点

(1)建筑垃圾应按专项施工方案的要求和现行国家、地方相关标准的规定,分类收集、集中堆放。

（2）废电池、废墨盒等有害的废弃物应按专项施工方案的要求和现行国家、地方相关标准的规定,封闭回收且不混放。

（3）有毒有害废物分类率应达到100％。

（4）施工现场垃圾桶应按专项施工方案的要求,分为可回收利用和不可回收利用两类,且定期清运。

（5）建筑垃圾回收利用率应达到30％。

（6）碎石、土石方类建筑垃圾应按专项施工方案的要求和现行国家、地方相关标准的规定,用作地基、路基回填料,开挖土方应合理回填利用。

7. 现场污水排放监理要点

（1）现场道路和材料堆放场地周边应按专项施工方案的要求设排水沟。

（2）试验室养护用水应经处理达标后排入市政污水管道。

（3）现场厕所应设置化粪池并定期清理,或设置可移动环保厕所并定期清运、消毒。

（4）工地厨房应设隔油池,并定期清理。

（5）雨水、污水应按专项施工方案的要求和现行国家、地方相关标准的规定,分流排放。

（6）工程污水应按专项施工方案的要求和现行国家、地方相关标准的规定,采取去泥沙、除油污、分解有机物、沉淀过滤、酸碱中和等处理方式,实现达标排放。

8. 光污染监理要点

（1）夜间焊接作业时,应按专项施工方案的要求采取挡光措施,避免电焊弧光外泄。

（2）工地设置大型照明灯具时,应按专项施工方案的要求采取防止强光外泄的措施。

9. 噪声控制监理要点

（1）施工现场应采用先进机械、低噪声设备进行施工,且机械、设备定期维护保养。

（2）施工现场应按专项施工方案的要求和现行国家、地方相关标准的规定,设置噪声监测点,对噪声进行动态监测,夜间施工噪声声强值应符合国家、地方有关规定。

（3）产生噪声较大的机械设备应尽量远离施工现场办公区、生活区和周边住宅区。

(4)混凝土输送泵、电锯房等应按专项施工方案的要求和现行国家、地方相关标准的规定,设置吸声降噪屏或采取其他降噪措施。

(5)吊装作业指挥应使用对讲机传达指令。

(6)施工作业面应按专项施工方案的要求和现行国家、地方相关标准的规定,设置隔声设施。

第4节　建筑工程新技术应用实务

5.4.1　绿色设计技术

1. 环境保护技术(见表5-1)

表5-1　绿色设计技术(环境保护)

类别	序号	技术名称
环境保护技术	1	钢筋混凝土预制装配化设计技术
	2	建筑构配件整体安装设计技术
	3	预制钢筋混凝土外墙承重与保温一体化设计技术
	4	构件化PVC环保围墙设计技术
	5	无机轻质保温—装饰墙体设计技术
	6	基于低碳排放的"双优化"技术
	7	建筑自然通风组织与利用技术
	8	墙面绿化设计技术
	9	屋顶绿化设计技术
	10	钢结构现场免焊接设计技术
	11	基坑施工逆作和半逆作设计技术
	12	植生混凝土应用技术
	13	透水混凝土应用技术
	14	楼宇垃圾密闭输送技术
	15	污水净化技术

2. 节能与能源利用技术(见表 5-2)

表 5-2　绿色设计技术(节能与能源利用)

类别	序号	技术名称
节能与能源利用技术	1	低耗能楼宇设施选择技术
	2	地源、水源及气源热能利用技术
	3	风能利用技术
	4	太阳能热水利用技术
	5	屋顶光伏发电技术
	6	玻璃幕墙光伏发电技术
	7	能源储存系统在削峰填谷和洁净能源中的接入技术
	8	自然采光技术
	9	太阳光追射照明技术
	10	自然光折射照明技术
	11	建筑遮阳技术
	12	临电限电器应用技术
	13	LED 照明技术
	14	光、温、声控照明技术
	15	供热计量技术
	16	外墙保温设计技术
	17	铝合金窗断桥技术
	18	电梯势能利用技术

3. 节材与材料资源利用技术（见表5-3）

表5-3　绿色设计技术（节材与材料资源利用）

类别	序号	技术名称
节材与材料资源利用技术	1	基于资源高效利用的工程设计优化技术
	2	综合管线布置中 BIM 应用与优化技术
	3	标准化设计技术
	4	结构构件预制设计技术
	5	工程耐久性设计技术
	6	工程结构安全度合理储备技术
	7	新型复合地基及桩基开发应用技术
	8	建筑材料绿色性能评价及选择技术
	9	清水混凝土技术
	10	高强混凝土应用技术
	11	高强钢筋应用技术
	12	钢结构长效防腐技术

4. 节水与水资源利用技术（见表5-4）

表5-4　绿色设计技术（节水与水资源利用）

类别	序号	技术名称
节水与水资源利用技术	1	污水微循环利用技术
	2	中水利用技术
	3	供水系统防渗技术
	4	自动加压供水设计技术
	5	感应阀门应用技术

5.4.2　绿色施工技术

1. 环境保护技术(见表 5-5)

表 5-5　绿色施工技术(环境保护)

类别	序号	技术名称
环境保护技术	1	施工机具有绿色性能评价与选用技术
	2	建筑垃圾分类收集与再生利用技术
	3	改善作业条件、降低劳动强度的创新施工技术
	4	地貌和植被复原技术
	5	地下水清洁回灌技术
	6	场地土壤污染综合防治技术
	7	绿化墙面和屋面施工技术
	8	现场噪声综合治理技术
	9	现场光污染防治技术
	10	现场喷洒降尘技术
	11	现场绿化降尘技术
	12	现场雨水就地渗透技术
	13	工业废渣利用技术
	14	隧道与矿山废弃石渣的再生利用技术
	15	废弃混凝土现场再生利用技术
	16	钢结构安装现场免焊接施工技术
	17	长效防腐钢结构无污染涂装技术
	18	植生混凝土施工技术
	19	透水混凝土施工技术
	20	自密实混凝土施工技术
	21	预拌砂浆技术
	22	自流平地面施工技术
	23	防水冷施工技术
	24	管道设备无害清洗技术
	25	非破损检测技术
	26	基坑逆作和半逆作施工技术
	27	基坑施工封闭降水技术

2. 节能与能源利用技术 (见表 5-6)

表 5-6　绿色施工技术 (节能与能源利用)

类别	序号	技术名称
节能与能源利用技术	1	低能耗楼宇设施安装技术
	2	混凝土结构承重与保温一体化施工技术
	3	现浇混凝土外墙隔热保温施工技术
	4	预制混凝土外墙隔热保温施工技术
	5	PVC 环保围墙施工技术
	6	外墙喷涂法保温隔热施工技术
	7	外墙保温体系质量检测技术
	8	非承重烧结页岩保温砌体施工技术
	9	屋面发泡混凝土保温与找坡技术
	10	溜槽替代输送泵输送混凝土技术
	11	混凝土冬期养护环境改进技术
	12	现场热水供应节能技术
	13	现场非传统电源照明技术
	14	自然光折射照明施工技术
	15	现场低压(36V)照明技术
	16	现场临时变压器安装功率补偿技术
	17	玻璃幕墙光伏发电施工技术
	18	节电设备应用技术

3. 节材与材料资源利用(见表 5-7)

表 5-7 绿色施工技术(节材与材料资源利用)

类别	序号	技术名称
节材与材料资源利用技术	1	信息化施工技术
	2	施工现场临时设施标准化技术
	3	混凝土结构预制装配施工技术
	4	建筑构配件整体安装施工技术
	5	环氧煤沥青防腐带开发与应用技术
	6	节材型电缆桥架开发与应用技术
	7	清水混凝土施工技术
	8	砌块砌体免抹灰技术
	9	高周转性模板技术
	10	自动提升模架技术
	11	大模板技术
	12	轻型模板开发应用技术
	13	钢框竹胶板(木夹板)技术
	14	新型支撑架及保护层控制技术
	15	塑料马凳及保护层控制技术

4. 节水与水资源利用(见表 5-8)

表 5-8 绿色施工技术(节水与水资源利用)

类别	序号	技术名称
节水与水资源利用	1	施工现场地下水利用技术
	2	现场雨水收集利用技术
	3	现场洗车用水重复利用技术
	4	基坑降水现场储存利用技术
	5	非自来水水源开发应用技术
	6	现场自动加压供水系统施工技术
	7	混凝土无水养护技术

5. 节地与土地资源保护技术(见表 5-9)

表 5-9　绿色施工技术(节地与土地资源保护)

类别	序号	技术名称
节地与土地资源保护技术	1	耕植土保护利用技术
	2	地下资源保护技术
	3	现场材料合理存放技术
	4	施工现场临时设施合理布置技术
	5	现场装配式多层用房开发与应用技术
	6	施工场地土源就地利用技术
	7	场地硬化预制施工技术

5.4.3　其他新技术应用(见表 5-10)

表 5-10　绿色施工技术(其他)

类别	序号	技术名称
其他"四新"技术	1	临时照明免布管免裸线技术
	2	废水泥浆钢筋防锈蚀技术
	3	水磨石泥浆环保排放技术
	4	混凝土输送管气泵反洗技术
	5	塔吊镝灯使用时钟控制技术
	6	楼梯间照明改进技术
	7	废弃水泥砂浆综合利用技术
	8	废弃建筑配件改造利用技术
	9	贝雷架支撑技术
	10	施工竖井多滑轮组四机联动井架提升抬吊技术
	11	可周转的圆柱木模板
	12	桅杆式起重机应用技术
	13	新型环保水泥搅拌器

第 5 节　建筑工程竣工能效测评实务

5.5.1　进场材料和设备的符合性

检查建筑节能工程进场材料和设备的质量证明文件和复验报告。质量证明文件应符合相关规定的要求,复验报告的检查项目应符合表 5-11 的要求。

表 5-11　复验报告检查项目

分项工程	材料或设备类型	检查项目
墙体节能工程	保温材料	导热系数、密度、抗压强度或压缩强度
	黏结材料	黏结强度
	增强网	力学性能、抗腐蚀性能
幕墙节能工程	保温材料	导热系数、密度
	幕墙玻璃	可见光透射比、传热系数、遮阳系数、中空玻璃露点
	隔热型材	抗拉强度、抗剪强度
	气密性能检测试件	气密性能
门窗节能工程	建筑外窗	气密性、传热系数
	外窗玻璃	遮阳系数、可见光透射比、中空玻璃露点
屋面节能工程	保温隔热材料	导热系数、密度、抗压强度或压缩强度
地面节能工程	保温材料	导热系数、密度、抗压强度或压缩强度
采暖节能工程	散热器	单位散热量、金属热强度
	保温材料	导热系数、密度、吸水率
通风与空调节能工程	风机盘管机组	供冷量、供热量、风量、出口静压、噪声及功率
	绝热材料	导热系数、密度、吸水率
空调与采暖系统冷热源及管网节能工程	绝热材料	导热系数、密度、吸水率
配电与照明节能工程	低压配电系统	电缆和电线截面、每芯导体电阻值

5.5.2 现场实体检验的符合性

对现场实体检验报告进行检查。现场实体检验报告的检查项目应符合表 5-12的要求。

表 5-12 现场实体检验报告检查项目

分项工程	检查项目
墙体节能工程	保温板材与基层黏结强度
	后置锚固件锚固力
	外墙节能构造钻芯检验
	保温浆料同条件养护试件:导热系数、干密度、抗压强度
门窗节能工程	外窗气密性和遮阳设施
系统节能性能	室内温度
	供热系统室外管网的水力平衡度
	供热系统的补水率
	室外管网的热输送效率
	各风口的风量
	通风与空调系统的总风量
	空调机组的水流量
	空调系统冷热水、冷却水总流量
	平均照度与照明功率密度

5.5.3 施工质量控制测评

对建筑节能工程施工质量控制进行测评。测评项目应符合表 5-13 的要求。

表 5-13 施工质量控制检查项目

分项工程	检查项目
墙体节能工程	保温材料的品种规格等
	墙体节能工程各层构造做法
	基层、门窗洞口、凸窗四周的侧面构造做法
	外墙热桥部位的保温措施和隔气层的设置及构造做法

续表

分项工程	检查项目
幕墙节能工程	密封条及单元幕墙板块之间的密封处理
	保温材料厚度及安装质量
	热桥部位的隔断热桥措施
	隔气层及冷凝水的收集和排放质量
	开启扇关闭
	遮阳设施的安装
门窗节能工程	外门窗框或副框与洞口之间的间隙填充
	外窗遮阳设施安装质量
	天窗安装质量
屋面节能工程	保温隔热层的敷设
	热桥部位的保温隔热措施
	屋面隔气层施工质量
	通风隔热架空层施工质量
	采光屋面施工质量
地面节能工程	基层处理、地面保温层、隔离层、保护层的构造做法
	有防水要求的地面保温层及表面防潮层、保护层的构造做法
采暖节能工程	设备、阀门及附件,温控、计量及水力平衡装置安装质量
	散热器的数量及安装方式,散热器恒温阀安装位置
	采暖系统保温层和防潮层的施工质量
	低温热水地面辐射供暖系统防潮层和绝热层的做法及绝热层的厚度,温控装置的传感器安装位置
通风与空调节能工程	组合式空调机组、柜式空调机组、新风机组、单元式空调机组的安装质量
	风机盘管安装质量
	风机安装质量
	带热回收功能的双向换气装置和集中排风系统中的排风热回收装置的安装质量
	电动两通调节阀、水力平衡阀、冷(热)量计量装置等自控阀门与仪表安装的安装质量
通风与空调节能工程	空调风管系统及水系统管道及部件的绝热层和防潮层、冷热水管道与支、吊架之间应设置绝热衬垫质量

续表

分项工程	检查项目
空调与采暖系统冷热源及管网	锅炉、热交换器、电机驱动压缩机的蒸气压缩循环冷水(热泵)机组、蒸汽或热水型溴化锂吸收式冷水机组及直燃型溴化锂吸收式冷(温)水机组等设备的安装质量
	冷却塔、水泵等辅助设备安装
	冷热源侧的电动两通调节阀、水力平衡阀及冷(热)量计量装置等自控阀门与仪表
	空调冷热源水系统管道及配件绝热层和防潮层及保护层、冷热源机房、换热站内部空调冷热水管道与支、吊架之间绝热衬垫
	空调与采暖系统冷热源和辅助设备及其管道和管网系统试运转及调试
配电与照明节能工程	低压配电系统调试,低压配电电源质量检测
监测与控制节能工程	采暖系统的自动化控制系统
	通风与空调系统的自动化控制系统
	电气系统的自动化控制系统
	给排水系统的自动化控制系统
	能耗监测系统实施
	能耗监测数据上传情况
给排水节能工程	节水型设备的安装
	排水(污、废水)处理及回用系统安装
	雨水收集、处理及利用系统安装
可再生能源的利用	采用可再生能源的形式及容量
	可再生能源系统设备安装
	可再生能源系统管线安装
余热废热的利用	排风能量热回收、冷凝热回收、热电及其他工艺余热废热等的方式、设备、热回收量可行有效
	余热废热的利用系统设备安装
	余热废热的利用系统管线安装
其他能源的利用	空气源热泵热水供应技术、能源塔热泵技术、室外免费能源技术、天然采光技术等新能源利用方法的形式及容量
	其他能源利用系统设备安装
	其他能源利用系统管线安装

第6章 建设项目绿色监理案例

第1节 某学院校区施工期绿色监理实践

6.1.1 项目概况

某学院校区建设项目,占地 401333m²;建筑面积 251347m²,其中地上建筑 210461.8m²,地下建筑 40885.2m²;包括音乐学院、舞蹈学院、戏剧学院、综合艺术楼、图书馆及行政综合楼、继续教育学院、大剧院等构成的北区表演艺术教学实践区,体育场、食堂、教师流转房、人文学院、文化管理学院、艺术工程学院等组成的南区生活运动区及综合文化类学院建筑群,具体如表 6-1 所示。

表 6-1 某学院校区建设项目概况

序号	项目名称	建筑高度	层数(地上/地下)	结构形式	基础形式
1	大剧院	27.85m	4层/1层	框—剪	人工挖孔桩
2	音乐厅	23.5m	5层/1层	框—剪	人工挖孔桩
3	继续教育学院	23.1m	6层/局部1层	框—剪	柱下独立基础
4	音乐学院	14.5m	4层/无	框架	柱下独立基础
5	图书馆及行政综合楼	45m	10层/1层	框—剪	柱下独立基础
6	舞蹈学院	14m	4层/无	框架	人工挖孔桩
7	戏剧学院	17.5m	4层/无	框架	人工挖孔桩
8	综合艺术楼	20m	2层/无	框架	人工挖孔桩
9	陶艺中心	4.6m	1层/1层	框架	人工挖孔桩
10	南区食堂	9.8m	2层/无	框架	人工挖孔桩
11	体育馆及医务所	23.6m	2层/无	框—剪	人工挖孔桩

续表

序号	项目名称	建筑高度	层数(地上/地下)	结构形式	基础形式
12	操场看台	/	2层/无	框架	
13	教师流转房	27.55m	8层/1层	框架	钻孔灌注桩
14	人文学院	54m	13层/局部1层	框一剪	钻孔灌注桩
15	文化管理学院	21m	5层/无	框架	钻孔灌注桩
16	艺术工程学院	21m	5层/1层	框架	钻孔灌注桩

6.1.2 项目施工期绿色管理组织模式

1. 项目绿色施工管理框架

由于项目建设规模较大,质量、进度工期较紧,并且该项目是利用既有场地进行建设的,在"四节一环保"方面的潜力比较大;并且该项目政府、社会关注度高,需要在"绿色施工"方面做出品质。有鉴于此,在项目中成立绿色施工管理委员会,广泛吸纳项目参与相关方的参与,在各个参与单位或部门中任命相关的绿色施工管理联系人,在部门内指导具体实施,对外履行与其他部门和委员会的沟通,以绿色管理联系人为节点,将位于不同部门和不同组织层次的人员融入绿色施工管理中来,最终实现项目"绿色管理目标"的实现。其构成如图6-1所示。

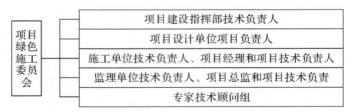

图 6-1 项目施工期绿色施工委员会构成

项目施工期成立绿色管理委员会这种组织方式具有如下一些优点:一是能够很好地集思广益,作为群体,委员会能够对问题进行比较全面的探讨,经过集体讨论、集体判断后得出的方案更切合实际情况,能够避免主管人员仅凭个人经验造成的判断失误。二是委员会成员由各单位、部门主要负责人担任,当工作涉及几个部门时,可以在委员会内部互相沟通信息、交换意见,开阔视野,了解其他单位和部门的工作情况,这既有利于减轻上层主管人员的负担,又可以加强部门之间的合作,避免"隧道视野"现象和"职权分裂"现象的发生。三是有助于民主管理,维护各方利益,委员会成员通常是各参与单位、部门的主要负责人,参与讨论、决策,有广泛的发言权与投票权,既可以获得集体判断的益处,又可以防止或减少过度集中的弊端。

但是,项目施工期绿色管理委员会的方式也存在一些明显的缺点:一是耗费时间太多,委员们花在会议上的时间可能较多,如发言、质疑、研讨等都要耗费大量的时间。二是部分成员容易妥协与犹豫不决,或采用折中的办法,以达到全体一致的意见,反而对工作的实施造成一定程度的障碍。三是委员代表各自的利益群体,可能在某些问题上争论不休,难以决断。这些都是与委员会设置的初衷相悖的。

1. 绿色监理组织机构

针对项目规模大的特点,围绕"四节一环保"的要求,项目绿色监理组织机构采用"专—兼职"结合的方式,具体如图 6-2 所示。工程监理组织机构采用直线职能式,但是在职能部门设置的过程中,设置专职的"绿色管理部(含安全管理)",主要承担项目施工期"四节一环保"和安全管理的职能。根据项目施工区

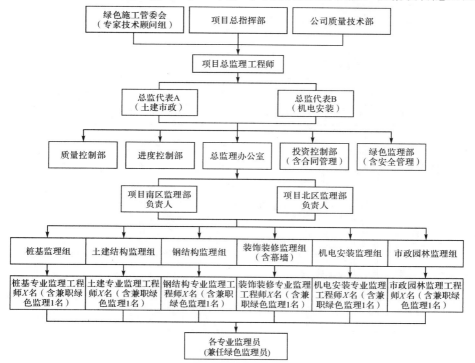

图 6-2　项目施工期绿色监理组织机构

域的划分,设置"南区项目监理部"和"北区项目监理部"各设置负责人一名,并兼职绿色监理工程师,下设桩基监理组、土建结构监理组、钢结构监理组、装饰装修监理组(含幕墙)、机电安装监理组、市政园林监理组,每个专业监理组中,设置兼职绿色监理工程师 1 名,下设各专业监理员,监理员兼职担任绿色监理员。根据项目实施情况,如果能在各专业监理组中设置 1 名专职绿色监理工程师,效果会更好。

2. 绿色施工组织机构

为了实现项目施工期绿色管理的目标,承包单位积极成立了绿色施工管理机构。项目施工期绿色施工管理机构采用"专—兼职结合"的模式,具体如图 6-3 所示。在项目绿色施工委员会、集团公司职能部门的业主指导下和项目总指挥部的直接领导下,设项目经理 1 名、项目常务副经理 1 名,并设立项目党支部。根据工程特点,下设项目部南区经理、项目部北区经理、总工程师、总经济师、总

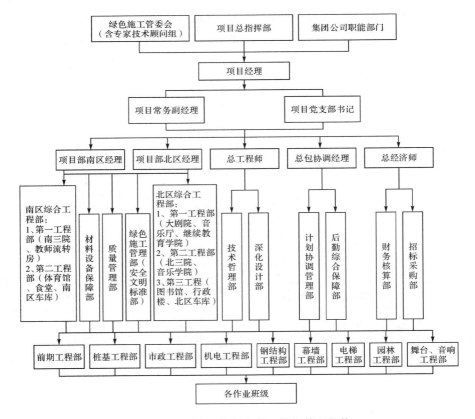

图 6-3　项目施工期绿色施工组织管理机构

承包协调经理。项目部南区经理下辖 2 个工程部、项目部北区经理下辖 3 个工程部,并设置材料设备保障部、质量管理部、绿色施工管理部(含四节一环保和安全文明保障管理),设置专职绿色施工工程师若干名。根据项目建设特点,下设前期工程部、桩基工程部、市政工程部、机电工程部、钢结构工程部、幕墙工程部、园林工程部、电梯工程部、舞台音响工程部,在各专业工程部工程师中,各设置兼职绿色施工工程师各 1 名,督促指导并监督各作业班组开展绿色施工。

6.1.3　项目施工期绿色管理目标

在项目施工过程中,在节能与能源利用、节材与材料资源利用、节地与土地资源保护、节水与水资源利用以及环境保护等方面采取有效措施,合理设置"绿色"管理目标。具体如表 6-2 至表 6-6 所示。

表 6-2　项目施工期能耗(节能)目标

序号	施工阶段及区域	目标耗电量
1	办公、生活区	700000kWh
2	生产作业区	3830000kWh
3	整个施工区	4530000kWh
4	节电设备(设施)配制率	80%

表 6-3　项目施工期节材目标

序号	主材名称	预算损耗值	目标损耗值
1	钢材	预算用钢量 12751.14 吨,定额损耗率 6.0%,损耗量 765.07 吨	目标损耗率<6%,损耗量 765.07 吨
2	钢筋	预算用量 21023 吨,定额损耗率 2.0%,损耗量 420.46 吨	目标损耗率<2.0%,损耗量 420.46 吨
3	商品砼	预算用量 74345.8m³,定额损耗率 2.5%,损耗量 1858.65m³	目标损耗率<2.0%,损耗量 1486.92m³
4	砌块(蒸压加气混凝土砌块)	预算用量 47466m³,定额损耗率 5.0%,损耗量 2373.3m³	目标损耗率<3.0%,损耗量 1423.98m³
5	模板、方木	平均周转次数为 4 次	平均周转次数为 5 次
6	围挡等周转材料	重复使用率>70%	重复使用率>90%
7	就地取材(≤500 公里以内)的材料占总量>70%		
8	回收利用率为>40%(回收利用率=施工废弃物实际回收利用量(t)/施工废弃物总量(t)×100%)		

表 6-4 项目施工期节水目标

序号	施工阶段及区域	目标耗水量
1	办公、生活区	$60000m^3$
2	生产作业区	$70000m^3$
3	整个施工区	$130000m^3$
4	节水设备(设施)配制率	100%
5	非市政自来水利用量占总用水量	>30%

表 6-5 项目施工期节水目标

序号	施工阶段及区域	目标耗水量
1	施工总平面	结合施工进度,分阶段合理布置,并充分利用现有场地条件
2	临时设施	占地面积的有效利用率大于90%
3	职工宿舍	满足 $2m^2$/人
4	场地道路	充分利用场地既有道路;新修临时道路:双车道宽度≤6.0m,单车道宽度≤3.5m,转弯半径≤15m

表 6-6 项目施工期环境保护目标

序号	主要指标	目标值
1	建筑垃圾	产生量小于5000吨,再利用率和回收率大于30%;碎石、土石类建筑垃圾回填再利用率大于50%
2	噪声控制	昼间≤70dB,夜间≤55dB
3	水污染控制	生产及生活污水排放达标,控制污水 pH 值为 6.5~8.5
4	抑尘措施	满足建设部颁布的《绿色施工导则》要求,基础施工阶段扬尘高度≤1.5m,结构、装饰施工阶段扬尘高度≤0.5m
5	光源控制	满足环保要求,夜间施工不扰民,周边单位或居民无投诉

6.1.4 项目施工期绿色管理技术措施的实施

1. 节能与能源利用措施实施

(1)能耗监测系统。项目建立无线自组网式能耗监测系统,对生活区、办公区、生产作业区各个主要耗能设备进行实时监测,实时获取工程建设过程中的能耗数据。该系统通过无线传感器网络汇总到监控中心,实现数据分析和处理。其主要项目包括:对能耗数据进行详细的分类/分项收集,统计分析能耗曲线,生成费用报表,并提供详细的数据报表。

（2）其他节能措施,如图 6-4 所示。

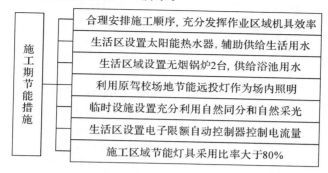

图 6-4　项目施工期节能措施

2. 节材与材料资源利用

（1）坚持就近取材。项目所使用的建筑材料选择坚持"就近取材"原则,施工现场 500km 以内生产的建筑材料占建筑材料总用量的 94.93%。

表 6-7　项目主要材料统计

序号	材料名称		产地	运距<500km	实际用量/t	备注
1	商品砼		杭州	是	178848	<100km
2	钢材	钢筋	张家港	是	17499.3	<300km
3		钢筋	南京	否	3500.7	>500km
4		钢材	江阴	是	1200.8	<300km
5		钢材	南京	是	1235	<300km
7		钢材	武汉	否	4235.031	>500km
8		钢材	包头	否	6029.3	>500km
9		钢管、扣件	杭州	是	23024	<100km
10	模板、方木		杭州	是	6450	<100km
11	砌体		富阳	是	29666.25	<100km
12	材料累计				271688.38t	
13	距现场 500km 以内材料累计				257923.35t	
14	距现场 500km 以内材料占全部材料的比例				94.93%	

（2）施工垃圾资源化利用,如表 6-8 所示。

表 6-8 建筑垃圾回收再利用

种类	产生原因及部位	实际产生量/t	回收处理方案	实际回收利用量/t
废旧钢筋	施工中产生的钢筋断头和废旧钢筋等	400.7	部分用于排水沟、马镫、S拉构、构造柱植筋、过梁等,其余卖给回收站	168.39
钢材碎料	经切割加工后的钢板碎料	739.57	部分用于钢构件拉钩、吊环耳板等局部细小块材拼接,其余卖给回收站	369.78
损坏钢管、扣件	施工中压弯的钢管、损坏的扣件	40	部分短钢管用于现场临边围护、底脚预埋,其余卖给回收站	20
混凝土碎料	多余混凝土	2854.88 (约1189.53m³)	用于施工道路修整、新增场内走道台阶施工、过梁、砼预制块制作等	1657.44 (690.6 m³)
砌块废料	砌筑时产生的废料、运输破损等	830.655 (约1329.048m³)	约10m³废料碾碎后用于场内绿化回填及新增、调整临时设施使用	415.33 (664.52m³)
废旧木料、模板	切割后小块料、开裂、变形、破损	40	部分废旧小块模板和方料用于安全防护设施隔离和封堵用,其余卖给回收站	28
合计		4905.805		2658.94

回收率:建筑垃圾回收处置率=2658.94÷4905.805×100=54.2%

(3)其他节材措施:

①现场办公楼、宿舍采用可循环使用的活动板房,现场加工棚或生产间尽量采用原场地遗留构筑物、利用原拆迁建筑物材料进行搭建。

②结合项目生产进度编制材料供应计划,合理安排材料的采购、进场时间和批次。

③结合项目施工总平面布置情况,共设置塔吊 28 台,覆盖全部作业区域,就近卸载材料,避免和减少二次搬运。

④结构工程多用高强钢筋及钢材,并采用信息化技术优化钢筋配料和钢构件下料,减少损耗。

⑤优化钢结构安装方案,合理为钢构件分段,减少二次组装、焊接工作量,所有钢构件均在加工厂生产制作,定型组装。

⑥大量采用定型化模板,尤其是对于圆形混凝土柱定型加工圆形柱模,周转使用,降低周转材料损耗。

⑦施工现场采用装配式围挡,安装拆卸方便,重复周转使用。

3. 节水及水资源利用

(1)节水措施:

①制定节约用水制度,如砌体浇水时严禁水开人走、砼浇筑前模板冲洗湿润要适时、砼养护要专人负责等,并对分包单位、作业班组进行交底。

②结合项目实际情况,确定用水定额;并对施工现场生活、生产用水分别计量统计,对超标情况及时采取措施;而且在办公区、生活区内采用节水龙头。

③在专业分包及劳务分包合同中,将节水指标纳入合同条款。施工前对工程项目参建各方的节水指标,以合同形式进行明确,便于节水控制和水资源充分利用。

④施工现场根据用水量布置供水管网,合理设置管径、管路,并设专人定期检查;排水管沟与沉淀池和蓄水池相连,进行雨水回收利用。

⑤混凝土结构养护均采用保温保湿养护(覆盖塑料薄膜及毛毯),减少混凝土表面水分蒸发,降低洒水量。

(2)雨水收集利用。项目地下室顶板施工完成后,利用顶板局部区域设置 4 处蓄水池,面积约 $40m^2$,蓄水深度 $1\sim1.3m$,蓄水量约 $40\sim52m^3$;安装一台扬程 120m 加压泵,用来供楼层砼养护、冲洗、砌筑、消防用水等。场内排水沟每隔一定距离设置水池,并与大门处的沉淀池相连通,水池容量计 $3m^3$,雨水收集后主要用于道路喷洒、绿化养护以及车辆冲洗等。据统计,顶板完工后约一年时间内,雨天约 150 天,所有水池共收集利用雨水约 $9000m^3$。

(3)基坑降水利用。项目基坑采用"截水沟＋集水井"自排水方式,降水期间,对抽取的地下水储存利用,用于施工车辆、场内道路、厕所冲洗、绿化浇灌、扬尘控制、混凝土养护等。土方开挖(2013 年 9 月—2014 年 10 月),约 390 天,期间土方运输车辆冲洗用水量约 $23400m^3$。从 2014 年 1 月中旬深井开始工作到 12 月底深井封闭,场内道路冲洗、绿化灌溉、厕所冲洗用水约 $9360\ m^3$。从首次混凝土底板开始施工至全部底板完成,共计浇筑混凝土 87 次,养护用水量约 $9744\ m^3$,地下室底板均检测合格。综上所述,利用基坑降水期间抽取的储存水约 $28848m^3$。

4. 节地及土地资源保护

(1)平面布局优化。结合场地实际情况及工程进展,优化施工现场平面布局,分阶段制定施工总平面布置图,提供施工现场利用效率,节约土地。

(2)减少基坑开挖面积。项目音乐厅、继续教育学院基坑围护采用人工挖孔桩结合土钉墙的复合支护技术,有效减小开挖面积,节约施工场地。具体详见本节"1.4 项目施工期采用的绿色新技术部分"。

(3)其他土地节约措施,如图 6-5 所示。

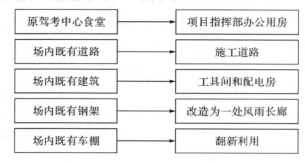

图 6-5　项目施工期节地措施

6.1.5　项目施工期采用的绿色新技术

1. 复合土钉墙支护

本项目音乐厅、继续教育学院基坑围护采用了人工挖孔桩结合土钉墙的复合支护技术,有效减小基坑开挖面积,节约施工场地。填土层中土钉采用 $\phi48\times3.2$ 钢管,钢管前端封闭,在管壁上沿长度方向每隔 0.5m 设 $\phi8mm$ 圆孔,圆孔从离坑壁 1.0m 处开始设置,直至管底。其余土钉采用钻机成孔,孔径直径为110mm,土钉钻孔完成后及时安设主筋以防坍孔。土钉墙面层采用 100mm 厚C20 喷射混凝土,内配钢筋网 $\phi6.5@200mm\times200mm$。人工挖孔桩直径为800mm,中心距为 1200～1500mm,C25 混凝土。

2. 高边坡防护技术

继续教育学院、音乐学院沿山一侧挡土墙采用高边坡防护技术。原有边坡挡墙采用格构梁锚杆加固,原有挡墙下新开挖坡面采用格构梁锚杆加固,格构内采用客土喷播绿化。钢筋锚杆采用 $\phi25mm$ II 级螺纹钢制作,f8mm 钢筋对中支架,钻机成孔 f90mm,为全长黏结型锚杆。注浆采用 M30 水泥砂浆,注浆水泥采用 42.5R 普通硅酸盐水泥,注浆压力 0.4～0.5MPa。

项目施工期环境保护措施如图 6-6 所示。

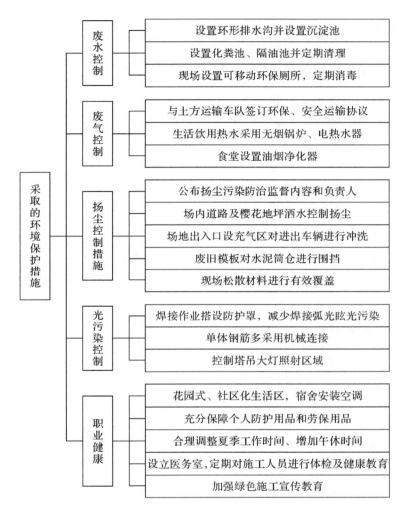

图 6-6　项目施工期环境保护措施

3. 补偿收缩混凝土

项目地下室底板混凝土强度等级 C40,为大体积混凝土结构,采用补偿收缩混凝土,掺加粉煤灰及粒化高炉矿渣粉,并掺加混凝土抗裂聚丙烯纤维,通过优选原材料、配合比设计及试验比选确定最优。通过补偿收缩,可有效减少混凝土在施工及使用过程中的收缩裂缝,提高耐久性;通过掺入合成纤维,可提高混凝土韧性,阻断混凝土内部毛细管通道,减少混凝土暴露面的水分蒸发,减少混凝土塑性裂缝和干缩裂缝。项目地下室底板每立方米混凝土胶凝材料掺量:水泥 307kg,膨胀剂 35kg,矿粉 44kg,粉煤灰 52kg,平均每立方米混凝土中掺和料替代水泥 131kg,项目地下室底板砼总量 11477m³,节约水泥 11477×0.131 =1503.5 吨。

4. 高强钢筋及钢材应用

高强钢筋及钢材具有强度高、综合性能优的特点,可提高结构强度和抗震性能,同时可减少配筋量,缩小构件截面,相对缩小工程体量,节约钢材,进一步可降低施工难度、复杂性及不可预计性,便于施工过程中质量控制。该项目在地下连续墙、地下室底板、地下三层人防结构、地下一层钢筋桁架组合楼板及地下室顶板等位置大量应用 HRB400 级高强钢筋,约占全部结构钢筋使用量的65%,项目钢结构所有钢材均为 Q345 级钢。

5. 大直径钢筋直螺纹连接技术

相比焊接,采用直螺纹连接可节约用电,节约钢材。本工程地下室底板、梁、柱纵向受力钢筋直径主要有 25mm、28mm、32mm、40mm,均采用滚轧直螺纹连接,节材、节能成效明显。

6. 钢与混凝土组合结构技术

本项目舞蹈、戏剧学院、行政楼采用型钢混凝土柱,钢柱均外包混凝土,钢柱截面有十字形及箱型;大部分采用组合梁形式,在其上浇筑混凝土,形成混凝土受压、钢梁受拉的截面合理受力形式,充分发挥钢与混凝土各自的受力性能,承载能力高且高跨比小;部分钢梁为钢骨混凝土的形式,不但具备钢结构优点,还具备混凝土结构优点,结构承载能力高、刚度大、抗震性能好,且具有良好的防火性能,能显著缩小构件截面尺寸。

7. 深基坑封闭降水技术

本项目基坑支护采用人工挖孔桩结合土钉墙形式,有效阻截基坑侧壁及基坑底面地下水流入基坑,增强基坑稳定性,减少基坑开挖面积,配合坑内深井降水,易于控制地下水位,减少土方开挖量,且无土方回填,有效减小对周边环境的影响,在推进绿色施工方面成效显著。

8. 有黏接预应力技术

项目大量应用黏结预应力技术,预应力施工期间预应力工程材料品种较多,且施工时间集中,预应力材料订货及检验环节较多,需合理安排钢绞线、锚具、锚垫板等主要材料订购、进场时间和检验。施工期间需多专业穿插、配合,在总体施工顺序、工序间流水作业以及局部节点构造方面,预应力专业施工必须与结构土建施工及相关专业做好协调配合。

9. 建筑信息模型技术(BIM)

项目采用 BIM 技术,建立三维模型,指导施工现场平面布置;并结合机电安装管线综合布置技术,对图纸作进一步比对复核,及时发现、消除偏差及冲突,不仅可以有效控制各专业和分包施工工序,而且可以减少返工、临时变更带来的进度延误,提高施工质量,强化成本控制。

10. 信息化技术与钢结构深化设计、施工融合创新

项目钢结构形式新颖、空间结构复杂,通过应用 Tekla structure、3DSMax 等一系列软件实现三维可视化,使深化设计、技术方案指导、施工部署等均在可视化的状态下进行,并应用 Midas Gen 仿真分析软件对整个施工过程的位移、应力进行施工模拟仿真分析,为技术方案的制定、实施提供有力的支持。

6.1.6　项目施工期绿色管理效益

项目施工总产值为 16.8760 亿元,围绕"四节一环保",在施工期通过绿色管理、采用绿色新技术等举措,取得效益。

1. 环境保护效益(见表 6-9)

表 6-9　项目施工期环境保护效益

序号	指标类别	目标值	实际完成值
1	建筑垃圾	产生量小于 5000t,再利用率和回收率达到 50%	到目前阶段产生量 4905.05t,再利用率和回收率 57.8%
2	噪声控制	昼间≤70dB,夜间≤55dB	昼间≤65dB,夜间≤55dB
3	水污染控制	pH 值达到 6.5~9.5	pH 值达到 6.5~8.5
4	抑尘措施	结构施工扬尘高度≤0.5m,基础施工扬尘高度≤1.5m	结构施工扬尘高度≤0.4m,基础施工扬尘高度≤1.3m
5	光源控制	达到环保部门规定	达到环保部门规定

2. 节材及资源化利用(见表 6-10)

表 6-10 项目施工期节材及资源化利用效益

序号	主材名称	预算损耗值	实际损耗值	实际损耗值/总建筑面积比值
1	钢材	765.07t	739.75t	0.0029t/m²
2	钢筋	420t	400t	0.0016t/m²
3	商品砼	1858.68m³	1189.53m³	0.0047m³/m²
4	砌体	2373.3m³	1329.048m³	0.0053 m³/m²
5	模板	平均周转次数 4 次	平均周转次数 5 次	—
6	围挡等周转设备(料)	重复使用率 70%	重复使用率 90%	—
7	就地取材:距离现场≤500km 的材料占材料总量的 94.3%			
8	回收利用率为 54.2% (回收利用率=施工废弃物实际回收利用量(t)/施工废弃物总量(t)×100%)			

注:市政、土木工程和工业建设项目比值按实际损耗值/总产值计算。

3. 节水与水资源利用(见表 6-11)

表 6-11 项目施工期节水及水资源利用效益

序号	施工阶段及区域	目标耗水量	实际耗水量	实际耗水量/总建筑面积比值
1	办公、生活区	60000m³	55757m³	0.23 m³/m²
2	生产作业区	70000m³	68724m³	0.27 m³/m²
3	整个施工区	130000m³	124481m³	0.495 m³/m²
4	节水设备(设施)配制率	100%	100%	—

注:1.施工阶段办公生活区用水、生产作业区用水比例为 0.82:1;2.市政、土木工程和工业建设项目比值按实际耗水量/总产值计算。

4. 节能与能源利用(用电)(见表6-12)

表6-12　项目施工期节能及能源利用效益

序号	施工阶段及区域	目标耗电量	实际耗电量	实际耗电量/总建筑面积比值
1	办公、生活区	700000kWh	635842kWh	2.53kWh/m²
2	生产作业区	3830000kWh	3378520kWh	13.44kWh/m²
3	整个施工区	4530000kWh	4014362kWh	15.97kWh/m²
4	节电设备(设施)配制率	80%	90%	

注：1.施工阶段办公生活区用电、生产作业区用电比为0.17：1；2.市政、土木工程和工业建设项目比值按实际耗电量/总产值计算；3.市政、土木工程和工业建设项目能源消耗中用油比重较大的需进行用油指标统计。

5. 节地与土地资源利用(见表6-13)

表6-13　项目施工期节地及土地资源利用效益

序号	项目	目标值	实际值
1	办公、生活区面积	17415m²	15024m²
2	生产作业区面积	5774m²	5600m²
3	办公、生活区面积与生产作业区面积比值	0.245	0.239
4	施工绿化面积与占地面积比值	0.01	0.01
5	临时设施占地面积有效利用率	90%	95%

6. 绿色管理的经济效益与社会效益

表6-14　项目施工期绿色管理的经济社会效益

序号	项目	目标值	实际值		形成原因
1	实施绿色施工的增加成本	50万元	38.49万元	一次性损耗成本33.49万元	(1)采购节水器具、水表、电表、垃圾桶、噪声监测设备等；(2)采购太阳能热水器；(3)雨水、基坑降水收集、蓄水、使用费用；(4)场地绿化费用；(5)各类松散材料设置围挡、覆盖降尘等；(6)路面、硬化地坪洒水、绿化、车辆冲洗等人工费用；(7)砼碎块、废钢筋、废旧木料再加工利用的费用；(8)根据分阶段施工情况,场地布置动态调整费用投入
				可多次使用及回收成本为5万元	

续表

序号	项目	目标值	实际值		形成原因
2	实施绿色施工的节约成本	150万元	344.9063万元	环境保护措施节约费用105.75万元	（1）合理利用建筑垃圾，回收再利用，取得了较好的经济效益；（2）方木、模板废料等再利用于安全文明防护设施，钢筋短小料再利用；（3）优化模板翻样、钢筋翻样，做到物尽其用，减少裁剪、切割等；（4）采用节水器具、节能灯具和高效机械设备，节约能源；（5）合理利用基坑降水、雨水回收再利用等，降低自来水消耗；（6）充分利用太阳能等清洁能源；（7）分别进行给水计量、高能耗设备用电计量，定期考核，控制用水、用电；（8）合理进行场地布置，分阶段安排场布，合理规划；（9）移栽场地内原有植被对生活、办公区进行绿化；（10）搭设办公区时大量采用场地内原有建筑拆除下来的建筑材料，如石材、玻璃幕墙等
				节材措施节约费用219.0870万元	
				节水措施节约成本5.14122万元	
				节能措施节约成本6.92804万元	
				节地措施节约成本8万元	
3	前两项之差	节约100万元，占总产值0.35%	节约306.4163万元，占总产值比重为0.184%		—
4	绿色施工社会效益	围绕"四节一环保"，在建设项目施工期开展绿色管理，实施绿色施工，是向技术、管理和节约要效益，提高企业综合效益，促使建筑企业可持续发展			

注：第三项中"前两项之差"是指"实施绿色施工的增加成本"与"实施绿色施工的节约成本"之差。

第2节　某大厦施工期绿色监理实践

6.1.1　项目概况

项目总建筑面积约33396m²，地上27696m²、地下5700m²。地上25层，其中 1～3 层为商业裙房,主楼为框架—剪力墙结构,裙房为框架结构;地下 1 层,为地下车库;标准层高为 3.9m。

6.1.2　项目施工期绿色管理组织模式

为确保实现项目施工期绿色管理目标,成立由浙江××置业有限公司、××市工程建设监理有限公司和浙江××建设集团有限公司分别依据相应的职责监理绿色施工管理体系。具体如图 6-7 所示。

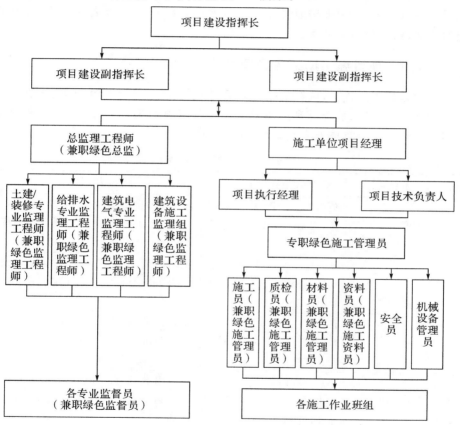

图 6-7　某大厦施工期绿色管理组织机构模式

项目建设指挥部设置指挥长 1 名,副指挥长 2 名,并设置相应的职能部门,主要负责绿色施工的策划,监督、检查项目绿色施工的实施情况。

项目监理单位绿色监理管理体系,对建筑工程绿色施工承担监理责任,审查绿色施工组织设计、绿色施工方案或绿色施工专项方案,并在绿色施工实施过程中做好监督检查工作。项目绿色监理组织机构采用"兼职"模式,依托工程监理组织机构设立,总监理工程师兼职担任绿色总监,各专业监理工程师兼职担任绿色专业监理工程师,各专业监理员兼职担任绿色监理员。

施工单位是项目绿色施工的实施主体,组织绿色施工全面实施。施工单位建立以项目经理为第一责任人的绿色施工管理体系,制定绿色施工管理制度,建立绿色施工管理责任制,负责绿色施工的组织实施。项目技术负责人依据《绿色施工导则》和《建筑工程绿色施工规范》等标准编制绿色施工方案,制定绿色施工技术措施。设置专职绿色施工管理员,负责各专业施工班组之间的互相协调,并监督绿色施工方案和技术措施的落实。施工员要熟悉项目图纸中的绿色设计内容要求,并积极按照规范要求落实项目绿色施工措施,并负责向施工班组交底,组织班组积极落实。

6.1.3   项目施工期绿色管理目标

在项目施工过程中,应在节能与能源利用、节材与材料资源利用、节地与土地资源保护、节水与水资源利用以及环境保护等方面采取有效措施,合理设置"绿色"管理目标。具体如表 6-15 至表 6-18 所示。

表 6-15   施工期节材目标

序号	主材名称	预算损耗值	目标损耗值
1	钢筋	预算工程用量 2553.9t,定额损耗率 2%,损耗量 51.08t	目标损耗率 1.3%,目标损耗量 33.20t,目标损耗率比定额损耗率降低 35%
2	混凝土	预算工程用量 14361.1m³,定额损耗率 1.5%,损耗量 215.42m³	目标损耗率 0.975%,目标损耗量 140.02m³,目标损耗率比定额损耗率降低 35%
3	模板	预算工程用量 67239.2m²,定额损耗率 5%,损耗量 3361.96m²	目标损耗率 3.25%,目标损耗量 2185.28m²,目标损耗率比定额损耗率降低 35%。平均周转次数大于 4 次
44	加气砼砌块	预算工程用量 3292m³,定额损耗率 1.5%,损耗量 48.65m³	目标损耗率 0.975%,目标损耗量 31.62m³,目标损耗率比定额损耗率降低 35%
5	地砖	预算工程用量 2860m²,定额损耗率 3%,损耗量 85.8m²	目标损耗率 1.95%,目标损耗量 55.8m²,目标损耗率比定额损耗率降低 35%
6	墙砖	预算工程用量 1695m²,定额损耗率 2%,损耗量 33.24m²	目标损耗率 1.3%,目标损耗量 21.6m²,目标损耗率比定额损耗率降低 35%

续表

序号	主材名称	预算损耗值	目标损耗值
7	围挡临时设施等周转材料	可重复使用率大于 70%	可重复使用率大于 90%
8	就地取材,距现场 500 公里以内生产的建筑材料用量占建筑材料总用量的 70%		

表 6-16　施工期节水目标

序号	施工阶段及区域	预算量	目标量	节水量
1	基础施工阶段	4513m³	4300m³	213m³
2	主体结构施工阶段	15143m³	14700m³	443m³
3	装饰装修与机电安装施工阶段	4744m³	4500m³	244m³
4	节水设备(设施)配置率	100%		
5	非市政自来水利用量占总用水量比例	40%		
6	节约用水量占生产用水定额量比例	60%		

表 6-17　施工期节能目标

序号	施工阶段及区域	预算量	目标量	节电量
1	基础施工阶段	153923kWh	100000kWh	53923kWh
2	主体结构施工阶段	431342kWh	350000kWh	81342kWh
3	装饰装修与机电安装施工阶段	72325kWh	70000kWh	2325kWh
4	节能灯具配置率	100%		

表 6-18　施工期节地目标

序号	项目名称	计划值	目标值
1	办公区、生活区面积	495m²	472m²
2	施工道路布置情况	环形双车道宽 7m	环形双车道宽 7m
3	临时设施占地面积有效利用率	大于 90%	大于 90%
4	其他：不使用黏土砖，未利用的边角土地撒草籽绿化		

6.1.4　项目施工期绿色技术管理措施的实施

1. 绿色施工管理措施（见图 6-8）

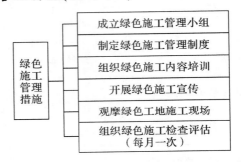

图 6-8　项目施工期绿色施工管理措施

2. 编制绿色施工专项方案（见图 6-9）

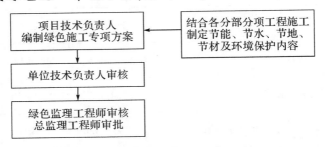

图 6-9　项目施工期绿色施工专项方案编制程序

3. 节材与材料资源利用(见图 6-10)

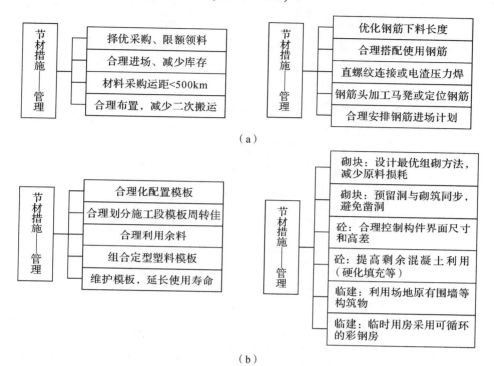

（a）

（b）

图 6-10　项目施工期节材与材料资源化利用措施

4. 节水与水资源利用措施(见图 6-11 和表 6-19)

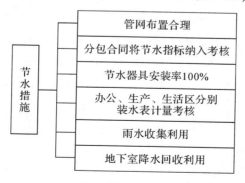

图 6-11　项目施工期节水与水资源利用措施

表 6-19   项目施工期节水设施安装统计

节水产品/计量装置	施工区	办公区	生活区	实际配置数	应配置数	配置率
水表	2	3	2	8	8	100%
节水龙头	7	7	22	36	36	100%

5. 节能与能源利用措施(见图 6-12 和表 6-20)

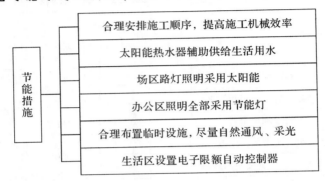

图 6-12   项目施工期节能及能源利用措施

表 6-20   项目施工期临时设施节能器具安装统计

节能项目	限流器	节能灯	太阳能	感应开关	变频空调
宿舍(16 间)	16	32	/	/	32
食堂(2 间)	/	4	/	/	4
办公室(14 间)	14	28	/	/	14
卫生间(3 个)	/	6	/	6	/
浴室(2 间)	/	2	2	/	/
门卫(2 间)	2	2	/	/	3
库房(6 间)	6	12	/	/	/
加工棚(2 个)	/	8	/	/	/
生活区公共部位(走廊)	/	8	/	8	/
办公区公共部位(走廊)	/	8	/	8	/
办公区公共部位(路灯)	3 盏太阳能路灯				

6. 节地与土地资源利用措施（见图 6-13）

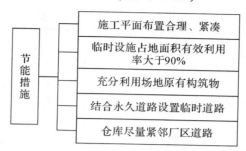

图 6-13　项目施工期节地及土地资源利用措施

7. 项目施工期采用的绿色技术

（1）基坑降水/雨水收集循环利用措施，如图 6-14 所示。

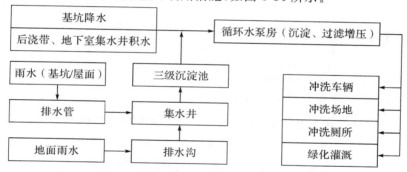

图 6-14　项目施工期基坑降水/雨水收集循环利用措施

（2）组合式塑料模板：局部楼层采用塑料模板，塑料模板相对木模板具有多次循环且安装方便等特点。

（3）可再生能源利用：场外道路利用太阳能节能灯照明，节约能源。

（4）自保温体系和工业废渣及空心砌块应用：外墙采用加气混凝土砌块砌筑，有效降低了导热性能和能耗，显著提高了自保温效果。

（5）铝桥合金窗断桥技术：采用型材、中空玻璃、专用五金件、密封胶条等制成节能型窗，能有效降低导热系数，减少能耗。

（6）预拌砂浆使用：项目采用预拌砂浆中的干拌砂浆，确保砂浆质量稳定性，有效提高砌筑工程、抹灰工程的工作效率，采用罐装储存降低对环境影响。

6.1.5　项目施工期绿色管理效益

围绕"四节一环保"，在项目施工期通过绿色管理、采用绿色新技术等举措，取得效益如下：

1. 环境保护（见表 6-21）

表 6-21 项目施工期环境保护效益

序号	名称	控制效果	备注
1	噪声控制	昼间最大等效声级 68.8dB，夜间最大等效声级为 53.7dB。均在目标控制范围内	设置 4 个监测点监测施工期噪声（混凝土浇筑施工必测），共计 397 次，每个监测点采集数据 1812 个，计算其等效声级
2	扬尘控制	基础施工阶段最大值为 1.5m 内，结构施工阶段最大值为 0.5m 内，均在目标控制范围内	施工期每天扬尘监测，记录数据 1206 次/天，作业区和非作业区监测数值连续 5 分钟最大值及道路监测为连续 5 分钟车辆经过时的目测最大值
3	污水排放	施工废水排放符合环保要求	施工废水采取沉淀及活性炭吸附等措施，并监测其相关指标（如 pH 值等）后排放，采集数据 895 个，均符合要求，后回用用于养护、降尘等
4	土壤保护	施工现场专门设立危险品及防护用品仓库，并采取严格的土壤保护措施，另外，施工区域裸土部位撒播草籽等，绿化面积达 201m²	

2. 节能与能源利用（用电）

据统计，项目施工过程中，累计用电 461576kWh，计划用电 657590kWh，节电 196014kWh，节电率为 29.8%。如表 6-22 所示。

表 6-22 项目施工期环节能与能源利用效益

序号	施工阶段及区域	预算量	实际使用量	节电量
1	基础施工阶段	153923 kWh	89461 kWh	64462 kWh
2	主体结构施工阶段	411342 kWh	292655 kWh	118687 kWh
3	装饰装修与机电安装施工阶段	92325 kWh	79460 kWh	12865 kWh
4	节能灯具配置率	100%		

3. 节地与土地资源利用（见表 6-23）

表 6-23 项目施工期节地及土地资源利用效益

序号	项目名称	目标值	实际值
1	办公区、生活区面积	472m²	444m²
2	施工道路布置情况	环形双车道宽 7m	环形双车道宽 6m，长 128m
3	临时设施占地面积有效利用率	大于 90%	96%
4	其他：未使用黏土砖，边角土地撒草籽绿化面积 201m²		

4. 节水与水资源利用效益

据统计,项目施工过程中,实际耗水量 22766m³,比预算用水量节约 1634m³。利用非市政水源节约自来水 12215m³,占总用水量的 52.5%。如表 6-24 所示。

表 6-24　项目施工期节水及水资源利用效益

序号	施工阶段及区域	预算量	实际使用量		节水量
1	基础施工	4513m³	3903m³	1386m³(自来水)	610m³
				2517m³(非自来水)	
2	主体施工	15143m³	14333m³	7308m³(自来水)	810m³
				7025m³(非自来水)	
3	装修及机电安装施工	4744m³	4530m³	1857m³(自来水)	214m³
				2673m³(非自来水)	
4	非市政供水利用百分比	(2517+7025+2673)/(3903+14333+4530)=52.50%			
5	节水设备(设施)配置率	100%			

5. 节材与材料资源利用效果分析(见表 6-25)

表 6-25　项目施工期节材及材料资源利用效益

阶段	序号	主材名称		定额	目标损耗	实际用量及损耗
基础工程	1	钢筋	工程用量/t	252.77	/	243.2
			损耗率	2%	1.3%	1.19%
			损耗量/t	5.06	3.29	2.89
	2	混凝土	工程用量/m³	3551.5	/	3535.4
			损耗率	1.50%	0.975%	0.72%
			损耗量/m³	53.27	34.63	25.45
	3	模板	工程用量/m²	5994.5	/	5370
			损耗率	5%	3.25%	3.19%
			损耗量/m²	299.73	194.82	171.30
			周转次数	/	4	5
主体结构工程	4	钢筋	工程用量/t	2301.13	/	2257.75
			损耗率	2%	1.3%	1.2%
			损耗量/t	46.02	29.91	27.09

续表

阶段	序号	主材名称		定额	目标损耗	实际用量及损耗
主体结构工程	5	混凝土	工程用量/m³	10809.6	/	10723.6
			损耗率	1.50%	0.975%	0.72%
			损耗量/m²	162.14	105.07	77.07
	6	模板	工程用量/m²	61244.8	/	45462
			损耗率	5%	3.25%	3.19%
			损耗量/m²	3062.24	1990.46	1450.24
			周转次数	/	4	5
	7	加气混凝土砌块	工程用量/m²	3292	/	3259
			损耗率	1.5%	0.975%	0.48%
			损耗量/m²	48.65	31.62	15.57
	8	围挡临时设施等周转材料		可重复使用率大于70%	重复使用率为90.5%	
装饰装修工程	9	石材	工程用量/m²	3663	/	3600
			损耗率	3%	1.95%	1.8%
			损耗量/m²	106.7	69.3	63.6
	10	地砖	工程用量/m²	2860	/	2800
			损耗率	3%	1.95%	1.88%
			损耗量/m²	2860	/	2800
	11	墙砖	工程用量/m²	1695	/	1620
			损耗率	2%	1.3%	1.0%
			损耗量/m²	33.2	21.6	16
	12	地胶	工程用量/m²	5280	/	5250
			损耗率	10%	6.5%	6.4%
			损耗量/m²	480	312	315.8
	13	静电地板	工程用量/m²	5280	/	5250
			损耗率	10%	6.5%	6.4%
			损耗量/m²	480	312	315.8

续表

阶段	序号	主材名称		定额	目标损耗	实际用量及损耗
装饰装修工程	14	各种板材	工程用量/m²	160	/	150
			损耗率	5%	3.25%	3.2%
			损耗量/m²	7.6	4.95	4.65
	15	防火石膏板	工程用量/m²	27580	/	26300
			损耗率	5%	3.25%	3.23%
			损耗量/m²	1313.3	853.7	822.9
	16	轻钢龙骨	工程用量/m²	15750	/	15000
			损耗率	6%	3.9%	3.52%
			损耗量/m²	891.5	579.5	510
	17	铝方通	工程用量/m	6830	/	6500
			损耗率	6%	3.9%	3.73%
			损耗量/m	386.6	251.3	233.7
	18	铝板类	工程用量/m²	4930	/	4700
			损耗率	6%	3.9%	3.8%
			损耗量/m²	279.1	181.4	172.1
	19	木工板	工程用量/m²	340	/	298
			损耗率	5%	3.25%	3.22%
			损耗量/m²	16.2	10.5	9.9

6. 垃圾减量化分析表(见表 6-26)

表 6-26　项目施工期垃圾减量化

阶段	材料	预计产生	实际产生	回收/利用	处理措施
基础	混凝土	131.8t	94.9t	85.4t	场地硬化,回填
	凿桩头	183t	132t	132t	回填,道路基础
	钢筋	6.79t	6.13t	5.28t	作马镫、支撑筋等
	模板	10.1t	8.23t	7.16t	遮盖、棚、围护等

续表

阶段	材料	预计产生	实际产生	回收/利用	处理措施
主体	混凝土	220.2t	186.6t	165.7t	预制品,场地回填,河坎回填
	钢筋	30.3t	25.49t	21.02t	作马镫、支撑筋等
	模板	154.5t	124.5t	88.4t	综合利用(遮盖、棚、围护、卖出等)
	砌块	19.46t	9.1t	4.52	
装饰装修	石材	39.6t	36t		外运
	地砖	9.3t	8.8t		外运
	墙砖	3.2t	2.0t		外运
	地胶	422.4m²	352m²	352m²	回收站
	静电地板	7.2m²	6.3m²	6.3m²	回收站
	各种板材	1103.2m²	999.4m²	999.4m²	回收站
	防火石膏板	239.4m²	210.6m²	210.6m²	回收站
	轻钢龙骨	787.5m²	675m²	675m²	回收站
	铝方通	375.65m	344.5m	344.5m	回收站
	铝板类	296m²	254m²	254m²	回收站
	木工板	16m²	13.41m²		
	幕墙		5.5t	1.9t	

参考文献

［1］中国建设监理协会.建设工程监理概论［M］.北京:知识产权出版社,2006.

［2］中国建设监理协会.建设工程质量控制［M］.北京:中国建筑工业出版社,2003.

［3］(美)斯蒂芬·P.罗宾斯.管理学［M］.黄卫伟,等译.北京:中国人民大学出版社,1996.

［4］刘廷彦.工程建设监理研究［M］.北京:中国建筑工业出版社,2014.

［5］肖绪文,罗能镇,蒋立红等.建筑工程绿色施工［M］.北京:中国建筑工业出版社,2013.

［6］肖绪文,马大阔.建筑工程绿色建造技术发展方向探讨［J］.施工技术,2013(6):8—10.

［7］郁超.施工组织设计中绿色施工技术措施的编制［J］.建筑技术,2009(2):124—127.

［8］张铁明.绿色建筑在施工阶段监理控制要点及措施［J］.建设监理,2014(6):30—31.

［9］卢昌华,姚忠厚.绿色施工需要绿色监理［J］.建设监理,2011(2):39—43.

［10］中国建筑科学研究院.绿色建筑评价技术细则［M］.北京:中国建筑工业出版社,2015.

［11］中国城市科学研究会.中国绿色建筑2016［M］.北京:中国建筑工业出版社,2016.

［12］中国城市科学研究会.中国绿色建筑2015［M］.北京:中国建筑工业出版社,2015.

［13］夏麟.绿色公共建筑增量成本控制及技术策划研究［M］.上海:同济大学出版社,2016.

［14］李君.建筑工程绿色施工与环境管理［M］.北京:中国电力出版社,2015.

［15］田慧峰.绿色建筑适宜技术指南［M］.北京:中国建筑工业出版

社,2013.

　[16]刘抚英.绿色建筑设计策略[M].北京:中国建筑工业出版社,2012.

　[17]郝际平.绿色节能农村住宅体系的关键技术[M].北京:中国建筑工业出版社,2014.

　[18]李澈.绿色施工理念及发展应用分析[J].建设科技,2016(10):41—43.

　[19]宋凌等.2015年全国绿色建筑评价标识统计报告[J].建设科技,2016(10):12—15.

　[20]宋凌等.2013年度绿色建筑评价标识统计报告[J].建设科技,2014(6):27—30.

　[21]马欣伯等.2013年度我国绿色建筑政策汇总[J].建设科技,2014(6):36—44.

　[22]绿色建筑评价标准(GB/T 50378—2014).北京:中国建筑工业出版社,2014.

　[23]林海燕,程志军,叶凌.新版《绿色建筑评价标准》编制综述[J].建设科技,2015(4):12—15.

　[24]鹿勤.《绿色建筑评价标准》——节地与室外环境[J].建设科技,2015(4):16—18.

　[25]王清勤,叶凌.新版《绿色建筑评价标准》——节能与能源利用[J].建设科技,2015(4):19—22.

　[26]曾捷,吕石磊,李建琳.《绿色建筑评价标准》——节水与水资源利用.[J].建设科技,2015(4):23—25.

　[27]韩继红,廖琳.《绿色建筑评价标准》——节材与材料资源利用[J].建设科技,2015(4):26—29.

　[28]林波荣.《绿色建筑评价标准》——室内环境质量[J].建设科技,2015(4):30—33.

　[29]高迪.《绿色建筑评价标准》——施工管理[J].建设科技,2015(4):34—37.

　[30]高迪.新版《绿色建筑评价标准》施工管理章编制介绍[J].第十届国际绿色建筑与建筑节能大会论文集,2014:1—6.

　[31]建筑工程绿色施工规范(GB/T 50905—2014).北京:中国建筑工业出版社,2014.

　[32]建筑施工场界环境噪声排放标准(GB 12523—2011).北京:中国建筑工业出版社,2011.

　[33]污水排入城镇下水道水质标准(CJ 343—20101).北京:中国建筑工业出版社,2010.

[34]浙江省建设工程监理工作标准(DB 33/T1104—2014).杭州:浙江工商大学出版社,2014.

[35]浙江省风景区绿色施工管理规范(DB 33/T1078—2011).杭州:浙江工商大学出版社,2011.

[36]蔡莴.建设工程监理组织结构模式及其有效性研究[D].重庆:重庆大学,2008.

[37]史岩.生态工程监理组织与管理的实务研究[D].北京:中国农业大学,2005.

[38]张纯臻,王姝.生态类建设项目环境监理组织机构模式探讨及适用性分析[J].现代工业经济和信息化,2015(14):101—102.

[39]张晗.组织结构对组织学习与知识转化关系影响研究[J].中国管理科学,2008(10):571—574.

[40]薛国正,陈文兰.加强监理继续教育,提高监理人员素质[J].河南职业技术师范学院学报(职业教育版),2014(5):48—49.

[41]张文冬,张永信,路江华等.石油化工建设项目环境监理管理体系的建立研究[J].环境科学管理,2014(09):28—31.

[42]李娜.环境监理及其在地铁建设项目中的应用分析[J].东南大学学报(哲学社会科学版),2014(6):74—75.

[43]杨文领.公路工程建设项目环境监理体系研究[D].西安:长安大学,2005.

[44]张笕.建设项目环境监理研究[D].天津:河北工业大学,2008.

[45]马健.环境监理在工程建设中的运作模式[J]建筑经济,2007:26—29.

[46]江泉.公路环境监理体系完善及其应用研究——以西(安)铜(川)高速公路为例[D].西安:长安大学,2010.

[47]袁玉卿,刘珊,董小林等.公路施工期环境监理研究[J].长安大学学报(社会科学版),2007(2):28—31.

[48]唐玉兰等.改进型双轨制环境监理模式初步探讨[J].环境科学与技术,2014(S2):602—607.

[49]曹广华.公路工程建设项目全程环境管理技术体系研究[D].西安:长安大学,2006.

[50]卢希红.监理工作中"人"的要素管理与提高措施[J].建设监理,2011(2):3—5.

[51]王靖华,张敏敏.浙江省空气源热泵热水系统应用相关政策标准解析[J].建设科技,2016(2):17—18.

[52]郭书启,马玉海.绐议环境保护综合考虑的建筑施工技术[J].建设科

技,2014(10):105－106.

　　[53]李峰.浅析新型建筑设计的节能理念与技术应用[J].建设科技,2014(12):72.

　　[54]吴晓春.江苏省绿色建筑技术体系研究[J].建设科技,2013(7):67－69.